网页设计项目化教程

主　编　荣　蓉
副主编　成　静　韩凌玲　李　娜
　　　　刘　学　成国力
参　编　李电强　王　旭　曾庆一

北京理工大学出版社
BEIJING INSTITUTE OF TECHNOLOGY PRESS

内 容 简 介

本书是一本关于网页设计的入门与提高教材。全书内容由 5 个项目、16 个知识模块、20 个工作任务组成，包括"两弹一星""中华民族精神""5G 通信技术""大国工匠"和"企业网站开发"等项目，涉及 HTML 超文本标记语言、文字和段落、图片和多媒体、超链接、CSS 样式表、显示和尺寸、字体和文本、浮动框架、边框和轮廓、边距和填充、定位和浮动、列表、表格、表单、颜色和背景、弹性盒子等知识与技能的应用。

本书以"德育融入、技能培养"为指导思想，采用"项目引领、任务驱动、模块结构"方式搭建教材内容，以学习者为中心，使学习者在"学中做、做中学"，达到"技能优先、学以致用"的学习目的。本书可作为高等职业院校相关专业教材，也可以作为想要从事 Web 前端开发工作的人员的入门级自学参考用书。

图书在版编目（CIP）数据

网页设计项目化教程 / 荣蓉主编. -- 北京：
北京理工大学出版社，2025. 1（2025. 2 重印）.
ISBN 978-7-5763-4685-5

Ⅰ. TP393. 092. 2

中国国家版本馆 CIP 数据核字第 2025JF1544 号

责任编辑：王玲玲　　**文案编辑**：王玲玲
责任校对：刘亚男　　**责任印制**：施胜娟

出版发行 / 北京理工大学出版社有限责任公司
社　　址 / 北京市丰台区四合庄路 6 号
邮　　编 / 100070
电　　话 / （010）68914026（教材售后服务热线）
　　　　　　　（010）63726648（课件资源服务热线）
网　　址 / http://www.bitpress.com.cn

版 印 次 / 2025 年 2 月第 1 版第 2 次印刷
印　　刷 / 三河市天利华印刷装订有限公司
开　　本 / 787 mm×1092 mm　1/16
印　　张 / 15
字　　数 / 333 千字
定　　价 / 49. 80 元

前言

随着新一轮科技革命与信息技术革命的到来，战略性新兴产业呈现快速爆发式发展，对新时代产业人才的培养提出了新的要求与挑战。在智能时代和移动互联网的推动下，Web前端开发人才需求旺盛。随着智能手机的普及和各种应用领域的拓展，Web前端开发在电商、金融、教育、旅游、医疗、游戏、娱乐、咨询等行业都有广泛的应用。据统计，未来5年我国信息化人才总需求高达1 500万~2 000万人，其中，Web前端人才的缺口尤为突出。随着互联网技术的高速发展，富媒体让网页内容更加生动，让用户有更好的使用体验。这些都基于Web前端技术来实现，无论是在开发难度上还是在开发方式上，都对Web前端开发人员提出了越来越高的要求。

本书应国家职业教育教学改革要求，为适应新一代信息技术产业发展需求，对接行业企业人才需求标准，以Web前端开发工程师职业岗位所需的知识、技能和职业素养为目标，融入德育教育和劳动教育，校企合作，开发了5个项目，介绍HTML5和CSS3的知识与技能应用。主要内容如下：

项目1"两弹一星"网页设计。本项目介绍了有关HTML的概念、语法、文字和段落、图片和多媒体、超链接和图像映射的相关知识与技能，培养两弹一星的"热爱祖国、无私奉献、自力更生、勇于攀登"的精神和"求真务实、大胆创新"的劳动品质。

项目2"中华民族精神"网页设计。本项目介绍了有关CSS样式表的概念、语法、选择器、显示和尺寸属性、字体和文本属性、内联框架的相关知识和技能，培养"爱国主义、团结统一、勤劳勇敢、自强不息"的中华民族精神和"服务人民、艰苦奋斗"的劳动品质。

项目3"5G通信技术"网页设计。本项目介绍了有关CSS盒子模型、边框和轮廓属性、边距和填充属性、定位和浮动属性、列表属性的相关知识与技能，培养"科技自信、民族自信"的科学精神和"诚实劳动、攻坚克难"的劳动品质。

项目4"大国工匠"网页设计。本项目介绍了有关HTML表格应用、表单应用、CSS颜色和背景属性、弹性盒子的相关知识和技能，培养大国工匠"爱岗敬业、创新创业、用户至上"的精神和"精益求精、专注认真、脚踏实地"的劳动品质。

项目5企业网站开发。本项目介绍了应用HTML5和CSS3进行网页布局与网页美化的相关知识和技能，培养 Web 前端开发工程师的"良好编码习惯、沟通表达、团队合作、责任心、学习能力"等职业素养。

本书主要有以下几方面的特色。

1. 项目引领、任务驱动、模块结构

全书由 5 个项目、16 个知识模块、20 个工作任务组成。5 个项目能力递进，符合教学规律，突出项目教学法，强调实践技能的培养，以学习者为中心，实现在"学中做、做中学"。

2. 融入课程德育和劳动教育

对 5 个项目进行了精心设计，不但应用了主流网页设计技术，项目内容还分别融入了"两弹一星"精神、中华民族精神、科学精神、大国工匠精神及职业素养。在项目实践中培养了"求真务实、服务人民、攻坚克难、精益求精"的劳动品质。

3. 融入职业技能证书

全书内容以"Web 前端开发工程师"职业岗位为培养目标，融入了"1+X"证书 Web 前端开发项目的职业标准，以及"计算机程序设计员"职业技能鉴定证书的相关考点，为学习者考取证书提供了帮助。

4. 技能优先，理论和实践相结合

全书内容以项目为教学目标，在项目和工作任务的实践中加入相关知识模块，优先培养实践技能，实现工学结合、学以致用。

本书由河北能源职业技术学院荣蓉担任主编，成静、韩凌玲、李娜、刘学和成国力担任副主编，李电强、王旭和曾庆一参编。具体分工为：李娜、荣蓉和曾庆一编写项目 1，刘学、荣蓉和王旭编写项目 2，韩凌玲和李电强编写项目 3，成静和荣蓉编写项目 4，荣蓉和成国力编写项目 5。本书编写体例由荣蓉、成静和韩凌玲设计，全书由荣蓉统稿并审核。在编写本书的过程中，参考了有关资料，在此谨向这些资料的作者致以诚挚的谢意。

本书编写团队希望在今后的教学实践与研究过程中不断完善、更新本书，也希望得到读者朋友的更多意见和帮助。由于编写时间仓促及编者水平有限，书中难免存在疏漏之处，欢迎读者朋友批评指正。

编　者

本书素材下载

目 录

项目 1

"两弹一星"网页设计

1. 掌握 HTML 的概念、结构和语法。
2. 掌握文字和段落标记的使用方法。
3. 掌握插入图片、视频和音频的方法。
4. 掌握创建超链接的方法。
5. 掌握创建图像映射的方法。

1. 具备在网页中插入文字和段落的能力。
2. 具备在网页中插入图片、视频和音频的能力。
3. 具备在网页中创建超链接的能力。
4. 具备在网页中创建图像映射的能力。

1. 培养两弹一星"热爱祖国、无私奉献"的精神。
2. 培养两弹一星"自力更生、艰苦奋斗"的精神。
3. 培养两弹一星"大力协同、勇于登攀"的精神。
4. 培养两弹一星"求真务实、大胆创新"的劳动品质。

1.1 项目介绍

某高校软件技术专业的网页设计课程布置了一个课后作业，题目为"两弹一星"网页设计，主题为弘扬热爱祖国、无私奉献、自力更生、艰苦奋斗、大力协同、勇于攀登的"两弹一星"精神和求真务实、大胆创新的劳动品质。学生小王将运用 HTML 技术完成网页的设计和制作。网页效果如图 1-1 所示。

"两弹一星"精神

概述　　历史背景　　功勋人物　　伟大精神

概述

"两弹一星" 最初是指原子弹、导弹和人造卫星。"两弹"中的一弹是原子弹，后来演变为原子弹和氢弹的合称；另一弹是导弹。"一星"则是人造地球卫星。

2021年9月，中共中央批准了中央宣传部梳理的第一批纳入中国共产党人精神谱系的伟大精神，**"两弹一星"** 精神被列入其中。

返回

历史背景

20世纪50年代、60年代是极不寻常的时期，当时面对严峻的国际形势，为抵制帝国主义的武力威胁和核讹诈，50年代中期，以毛泽东同志为核心的第一代党中央领导集体，根据当时的国际形势，为了保卫国家安全、维护世界和平，高瞻远瞩，果断地作出了独立自主研制"两弹一星"的战略决策。大批优秀的科技工作者，包括许多在国外已经有杰出成就的科学家，以身许国，怀着对国家的满腔热爱，响应党和国家的召唤，义无反顾地投身到这一神圣而伟大的事业中来。他们和参与"两弹一星"研制工作的广大干部、工人、解放军指战员一起，在当时国家经济、技术基础薄弱和工作条件十分艰苦的情况下，自力更生，发奋图强，依靠自己的力量和苏联的帮助，用较少的投入和较短的时间，突破了核弹、导弹和人造卫星等尖端技术，取得了举世瞩目的辉煌成就。

返回

功勋人物

为了替未来的科教兴国政策铺路，确定未来政策主轴，1999年9月18日，在庆祝中华人民共和国成立50周年之际，由中共中央、国务院及中央军委制作了 **"两弹一星"** 功勋奖章，授予给23位为研制"两弹一星"作出突出贡献的科技专家。

他们是：王淦昌、赵九章、郭永怀、钱学森、钱三强、王大珩、彭桓武、任新民、陈芳允、黄纬禄、屠守锷、吴自良、钱骥、程开甲、杨嘉墀、王希季、姚桐斌、陈能宽、邓稼先、朱光亚、于敏、孙家栋、周光召。

返回

伟大精神

中国人民要学习 **"两弹一星"** 功臣们勇于探索、勇于创新的精神。在 **"两弹一星"** 的研制过程中，中国人民看到了高水平的技术跨越。从原子弹到氢弹，中国仅用两年零八个月的时间，比美国、前苏联、法国所用的时间要短得多。在导弹和卫星的研制中所采用的新技术、新材料、新工艺、新方案，在许多方面跨越了传统的技术阶段。**"两弹一星"** 是中国人民创造活力的产物。

"两弹一星" 精神表述：热爱祖国、无私奉献、自力更生、艰苦奋斗、大力协同、勇于攀登。

返回

图1-1 "两弹一星"网页

1.2 项目分析

"两弹一星"网页设计项目应用文字、段落、图片、超链接等HTML技术，由"标题部分"内容实现、"导航链接"内容实现、"主体部分"内容实现和"版权信息"内容实现4个工作任务组成。

本项目通过文字、段落、图片、超链接等HTML技术搭建网页的结构和内容，如图1-2所示。

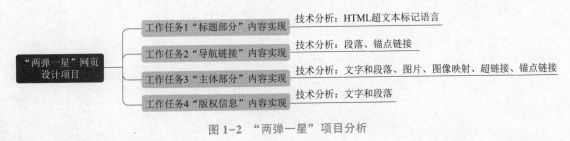

图1-2 "两弹一星"项目分析

1.3 知识准备

"两弹一星"网页设计项目由HTML超文本标记语言、文字和段落、图片和多媒体、创建超链接4个知识模块组成。

知识模块1 HTML超文本标记语言

HTML是用于创建网页的标准标记语言。它不是一种编程语言，而是一种描述性的标记语言，用于定义网页内容的结构。

在本项目中，将使用HTML语言定义网页内容结构。

知识结构如图1-3所示。

1. HTML简介

（1）HTML的概念

HTML的英文全称是HyperText Markup Language，即超文本标记语言。它是一种标记语言，包括一系列标记（也称为标签），通过这些标记可以定义文字、图形、动画、声音、表格、链接、表单等内容结构。

超文本是一种组织信息的方式，它通过超链接方法将文本中的文字、图表与其他信息媒体相关联。这些相互关联的信息媒体可能在同一文本中，也可能在不同的文件中，或是地理位置相距遥远的不同计算机上。这种组织信息方式将分布在不同位置的信息资源用随机方式进行连接，为人们查找、检索信息提供方便。

HTML文档，也称为Web页面、网页，它使用HTML标记将需要表达的信息描述出来，并通过Web浏览器显示出效果。

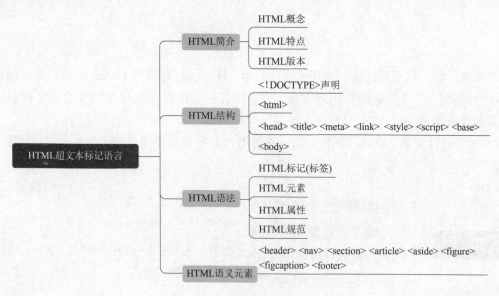

图 1-3　HTML 超文本标记语言

（2）HTML 的特点

HTML 的主要特点如下：

①简洁性：HTML 语法简单，容易学习和使用。

②可扩展性：HTML 提供了扩展机制，如 HTML5 中的自定义数据属性。

③平台无关性：HTML 文档可以在多种平台上运行，如不同的操作系统和设备。

④语义化：HTML 提供了许多语义化的标签，如<header>、<nav>、<section>、<article>等，有利于搜索引擎理解网页内容。

⑤容错性：HTML 中的错误通常不会导致严重的问题，浏览器会尝试正确显示内容。

（3）HTML 版本

HTML 是用来标记 Web 信息如何展示以及其他特性的一种语法规则，它最初于 1989 年由 CERN 的 Tim Berners-Lee 发明。

HTML 历史上有以下版本：

①HTML1.0：于 1993 年 6 月作为互联网工程工作小组（IETF）工作草案发布。

②HTML2.0：于 1995 年 11 月作为 RFC 1866 发布，于 2000 年 6 月被宣布已经过时。

③HTML3.2：1997 年 1 月 14 日，W3C 推荐标准。

④HTML4.0：1997 年 12 月 18 日，W3C 推荐标准。

⑤HTML4.01（微小改进）：1999 年 12 月 24 日，W3C 推荐标准。

⑥HTML5：HTML5 极大地提升了 Web 在富媒体、富内容和富应用等方面的能力，被誉为终将改变移动互联网的重要推手。

2. HTML 结构

HTML 的基本结构如下：

```
<! DOCTYPE html>
<html>
    <head>
        <meta charset = "UTF-8"/>
        <title></title>
    </head>
    <body>
    </body>
</html>
```

语法说明:

• <! DOCTYPE html>:文档声明。必须位于 HTML 文档的第一行,用于声明当前网页使用了哪种 HTML 版本。此声明表示 HTML5 版本。

• <html></html>:文档根元素。这对标记分别表示 HTML 文档的开始和结束。

• <head></head>:文档头部。文档头部包含网页标题、字符编码、关键词、描述等内容,它本身不作为网页内容来显示。文档头部包含的主要元素见表 1-1。

表 1-1 文档头部元素

元素	描述
<title>	定义文档标题
<meta>	定义文档的元数据,例如作者、日期和时间、网页描述、关键词、页面刷新等
<link>	定义文档和外部资源之间的关系
<style>	定义样式
<script>	定义脚本
<base>	定义页面链接标记的默认链接地址

• <body></body>:文档主体。文档主体包含的内容就是网页显示的内容。

HTML 文档的扩展名为 .htm 或 .html。

【例】demo1_01. html

```
<! DOCTYPE html>
<html>
    <head>
        <! -- 定义字符编码    -->
        <meta charset = "UTF-8"/>
        <! -- 定义作者信息    -->
        <meta name = "author" content = "网页设计项目化教程"/>
        <! -- 定义关键词    -->
        <meta name = "keywords" content = "关键词1,关键词2,关键词3,……"/>
```

```
    <! -- 定义描述 -->
    <meta name="description"content="用一段话描述当前网页的主要内容。"/>
    <! -- 定义网页标题 -->
    <title>HTML 结构</title>
    <! -- 定义文档引用 -->
    <link rel="stylesheet"type="text/css"href="css/style.css"/>
    <! -- 定义脚本 -->
    <script type="text/javascript">
        alert("欢迎访问!");
    </script>
    <! -- 定义样式 -->
    <style type="text/css">
        body{color:red;}
    </style>
  </head>
  <body>
    两弹一星网页
  </body>
</html>
```

运行结果如图 1-4 所示。

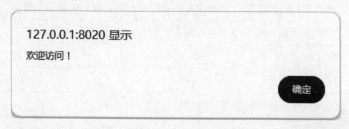

图 1-4　HTML 结构

3. HTML 语法

（1）HTML 标记（标签）

标记，也称为标签，是由尖括号"<"和">"括起来的关键词。绝大部分的标记都是成对出现的，如<head></head>、<body></body>，称为双标记，第一个标记是开始标记，第二个标记是结束标记。当然，还有少部分不是成对出现的，如<meta/>、
等，称为单标记。

（2）HTML 元素

HTML 元素和 HTML 标记通常都是描述同样的意思。严格来讲，元素是由标记和标记之间的内容组成的。位于开始标记和结束标记之间的文本就是 HTML 元素的内容。

（3）HTML 属性

属性为元素提供各种附加信息。属性以"属性名=属性值"这种"名称/值"对的形式出现，而且属性总是在 HTML 元素的开始标记中进行定义。

HTML 全局属性是适用于所有 HTML 元素的属性，它们可以用于任何 HTML 标记。全局属性的主要目的是提供元素的通用属性和功能。常用的全局属性见表 1-2。

表 1-2　HTML 全局属性

属性	描述
class	设置元素的一个或多个类名
id	设置元素的唯一标识符
style	设置元素的内联样式
tabindex	设置元素在 Tab 键遍历时的顺序
title	设置元素的额外信息。当鼠标悬停在元素上时，会显示该信息
accesskey	设置元素的快捷键，可以通过按下组合键来访问元素
contenteditable	设置元素是否可以在网页上编辑
draggable	设置元素是否可以拖动
hidden	设置元素是否隐藏
lang	设置元素的语言
spellcheck	设置元素是否启用拼写检查
dir	设置元素的文本方向。值为 ltr（从左到右）、rtl（从右到左）
translate	设置元素是否应该被翻译
role	设置元素的角色

（4）HTML 规范

网页开发人员需要了解并遵循一些 HTML 命名规范和准则。命名规范至关重要，直接决定着团队开发的效率和后期维护的便捷性。

①文件夹命名规范。

文件夹均使用英文词汇命名（特殊情况下才使用汉语拼音），名称不宜过长，控制在 20 个字符以内，并使用小写字母。例如：html（存放 HTML 网页文件）、images（存放图片文件）、css（存放样式文件）、js（存放脚本文件）等。

②文件命名规范。

所有文件名称统一使用英文字母、数字或下划线的组合。

文件命名要求以最短的名称体现最清晰的含义。如果文件名由一个单词组成,全部小写;如果文件名由两个或两个以上单词组成,从第二个单词起,每个单词的首字母大写,单词之间不要有空格。如 aboutUs. html。

网站首页通常命名为 index. html。

③标记使用规范。

- HTML 文档第一行统一使用 HTML5 标准<! DOCTYPE html>。
- 尽量减少标记层级。
- 双标记必须闭合,开始标记和结束标记成对使用,如<div></div>、<p></p>等。
- 单标记结尾处以斜杠 "/" 闭合,如
、<hr/>等。
- 避免使用已过时标签,如<font>、<frame>、<s>等。

4. HTML 语义元素

HTML 语义元素是用于定义网页结构和内容的标记,它们帮助网页开发人员更好地组织和管理内容,提高网页的可读性和可用性,有助于搜索引擎的爬取和索引,也有助于在不同设备上正确显示,比如屏幕阅读器、移动设备等。

HTML5 提供了新的语义元素来明确一个 Web 页面的不同部分,见表 1-3。

表 1-3　语义元素

元素	描述
<header>	定义文档的头部区域
<nav>	定义文档的导航链接部分
<article>	定义文档中的独立的内容
<section>	定义文档中的节,包含一组内容及其标题
<aside>	定义文档主区域内容之外的内容（如侧边栏）
<figure>	定义文档独立的流内容（如图像、图表、照片、代码等）
<figcaption>	定义 figure 元素的标题,位于 figure 元素的第一个或最后一个子元素的位置
<footer>	定义文档的底部区域

语义元素在网页中的位置关系如图 1-5 所示。

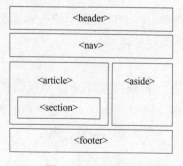

图 1-5　语义元素

知识模块 2 文字和段落

HTML 能够设置标题、加粗、斜体、上下标、地址、引用、注释、特殊符号等文字格式；能够设置段落、换行等段落格式。

在本项目中，将使用文字和段落实现 HTML 的内容结构。

知识结构如图 1-6 所示。

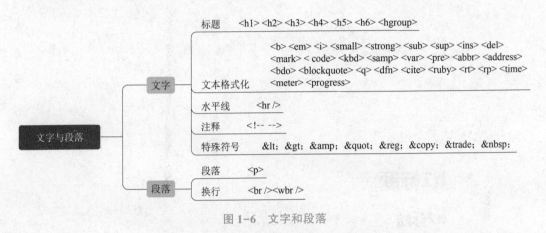

图 1-6 文字和段落

1. 文字

（1）标题

标题是粗体和大号的文字，由 6 个级别的标记组成，分别是<h1></h1>、<h2></h2>、<h3></h3>、<h4></h4>、<h5></h5>、<h6></h6>。其中，h1 为最大的标题，h6 为最小的标题。

搜索引擎使用标题为网页的结构和内容编制索引。用户可以通过标题来快速浏览网页，所以用标题来呈现文档结构是很重要的。一般将 h1 用作主标题（最重要的），其后是 h2（次重要的），再次是 h3，依此类推。

<hgroup></hgroup>标记用于包围一个标题和一个或多个 p 元素。

<hgroup>元素内的标题可以是任何 h1~h6 的标题。

注意：<hgroup>元素在浏览器中不会呈现任何特殊样式。但是可以使用 CSS 样式表来设置<hgroup>元素及其内容的样式。

【例】demo1_02. html

```
<! DOCTYPE html>
<html>
    <head>
        <meta charset = "UTF-8">
        <title>标题</title>
    </head>
    <body>
```

```
        <h1>h1 标题</h1>
        <h2>h2 标题</h2>
        <h3>h3 标题</h3>
        <h4>h4 标题</h4>
        <h5>h5 标题</h5>
        <h6>h6 标题</h6>
        <hgroup>
            <h2>两弹一星</h2>
            <p>"两弹"中的一弹是原子弹,另一弹是导弹。"一星"则是人造地球卫星。</p>
        </hgroup>
    </body>
</html>
```

运行结果如图 1-7 所示。

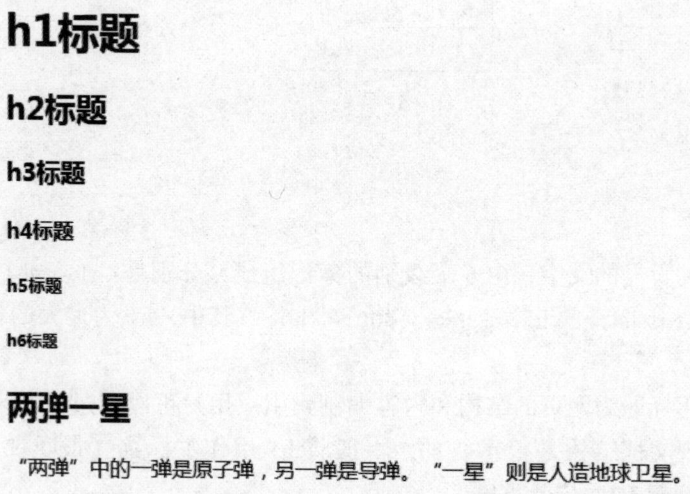

h1标题

h2标题

h3标题

h4标题

h5标题

h6标题

两弹一星

"两弹"中的一弹是原子弹,另一弹是导弹。"一星"则是人造地球卫星。

图 1-7　标题

（2）文本格式化

文本格式化能够输出指定格式的元素。

常用的文本格式化标记见表 1-4。

表 1-4　文本格式化元素

元素	描述
\<b>	定义粗体文本
\<em>	定义着重文本
\<i>	定义斜体文本

续表

元素	描述
\<small\>	定义小号文本
\<strong\>	定义加重语气
\<sub\>	定义下标文本
\<sup\>	定义上标文本
\<ins\>	定义插入文本
\<del\>	定义删除文本
\<mark\>	定义突出显示的文本
\<code\>	定义计算机代码
\<kbd\>	定义键盘码
\<samp\>	定义计算机代码样本
\<var\>	定义变量
\<pre\>	定义预格式文本
\<abbr\>	定义缩写
\<address\>	定义地址
\<bdo\>	定义文字方向
\<blockquote\>	定义长的引用
\<q\>	定义短的引用语
\<dfn\>	定义一个定义项目
\<cite\>	定义引用、引证
\<ruby\>	定义 ruby 注释（中文注音或字符），与\<rt\>和\<rp\>标记一起使用
\<rt\>	定义\<ruby\>注释信息
\<rp\>	定义当浏览器不支持\<ruby\>元素时显示的内容
\<time\>	定义日期或时间。属性为 datetime（日期时间）
\<meter\>	定义度量衡。仅用于已知最大值和最小值的度量。属性为 form（元素所属的一个或多个表单）、high（规定范围的高值）、low（规定范围的低值）、max（最大值）、min（最小值）、optimum（最优值）、value（必需，当前值）
\<progress\>	定义任务的完成进度。属性为 max（任务所需的总工作量，默认值为 1）、value（任务已完成的部分）

(3) 水平线

<hr/>标记用于定义一条水平线。

【例】 demo1_03. html

```html
<! DOCTYPE html>
<html>
    <head>
        <meta charset = "UTF-8">
        <title>文本格式化</title>
    </head>
    <body>
        <b>粗体文本</b>
        <em>着重文本</em>
        <i>斜体文本</i>
        <small>小号文本</small>
        <strong>加重语气</strong>
        下标 x<sub>1</sub>
        上标 x<sup>2</sup>
        <ins>插入文本</ins>
        <del>删除文本</del>
        <mark>突出显示的文本</mark>
        <hr/>
        <code>计算机代码</code>
        <kbd>键盘码</kbd>
        <samp>计算机代码样本</samp>
        <var>定义变量</var>
        <hr/>
        <pre>预格式
            文        本</pre>
        <hr/>
        <abbr>定义缩写</abbr>
        <address>定义地址</address>
        <bdo dir = "rtl">定义文字方向为从右向左</bdo>
        <blockquote>定义长的引用</blockquote>
        <q>定义短的引用语</q><br/>
        <dfn>定义一个定义项目</dfn><br/>
        <cite>定义引用、引证</cite><br/>
        <ruby>
            你好<rt>hello</rt>
        </ruby>
```

```
        <hr/>
        <time datetime="2024-06-06 16:00">定义日期或时间</time><br/>
        度量:<meter value="2"min="0"max="10"></meter><br/>
        进度:<progress value="60"max="100"></progress>
    </body>
</html>
```

运行结果如图 1-8 所示。

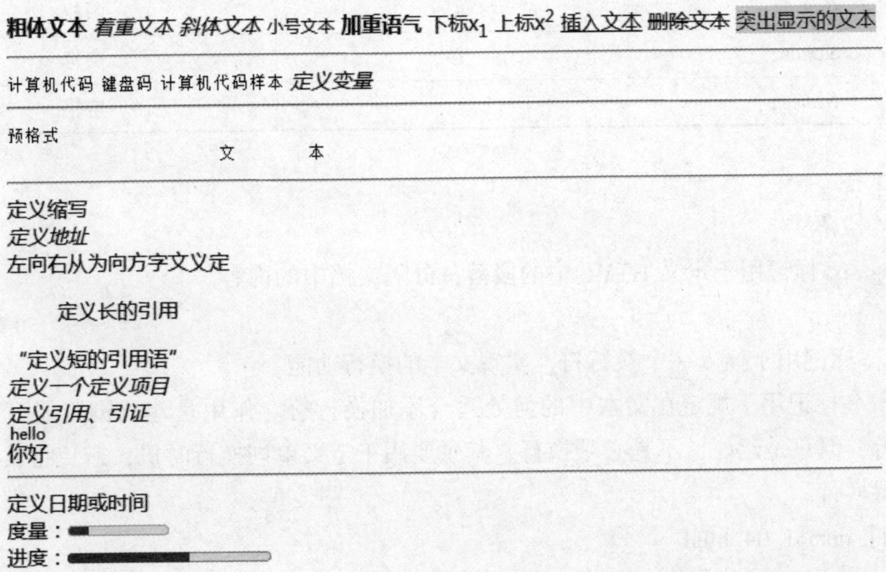

粗体文本 *着重文本* *斜体文本* 小号文本 **加重语气** 下标x$_1$ 上标x^2 插入文本 ~~删除文本~~ 突出显示的文本

计算机代码 键盘码 计算机代码样本 *定义变量*

预格式
        文   本

定义缩写
定义地址
左向右从为向方字文义定

    定义长的引用

 "定义短的引用语"
定义一个定义项目
定义引用、引证
hello
你好

定义日期或时间
度量:▬▬▬▭▭▭▭
进度:▬▬▬▬▭▭▭

图 1-8　文本格式化

注意：HTML 文档源代码不能识别键盘输入的空格和换行，会将键盘输入的空格和换行忽略。HTML 使用   表示空格，使用 br 标记表示换行。但是，使用 pre 元素能够在网页中显示键盘输入的空格和换行。

（4）注释

注释可以在 HTML 文档中的任意位置添加。注释内部的文本不会在浏览器上显示，而是用于给开发者、设计师和维护人员提供关于网页结构和功能的附加信息，方便他们更好地管理和维护网页。

语法：

```
<! -- 这是一个注释 -->
```

（5）特殊符号

在 HTML 中，特殊符号用于表示一些无法直接输入的符号，如引号、版权符号等。

常用的特殊符号见表 1-5。

表 1-5　特殊符号

特殊符号	显示结果	描述
&lt;	<	小于号
&gt;	>	大于号
&amp;	&	& 符号
&quot;	"	引号
&reg;	®	注册
&copy;	©	版权
&trade;	TM	商标
		空格

2. 段落

（1）段落

<p></p>标记用于定义 HTML 中的段落，分隔文档中的内容。

（2）换行

标记用于插入一个换行符，实现文本的换行功能。

<wbr/>标记用于规定在文本中的何处适合添加换行符。作用是建议浏览器可以在此标记处断行，但只是建议，不是必须换行。其主要用于定义单词换行时机，避免将长单词在错误的位置换行。

【例】demo1_04. html

```
<! DOCTYPE html>
<html>
    <head>
        <meta charset = "UTF-8">
        <title>段落</title>
    </head>
    <body>
        <! -- 这是一个注释 -->
        <p>特殊符号:&lt;&gt;&amp;&quot;&reg;&copy;&trade; </p>
        <p>第一段</p>
        <p>第二段</p>
        <p>第三段</p>
        <p>在段落标记中加入<br/>换行标记</p>
        <p>HTML 的英文全称 HTML 的英文全称 HTML 的英文全称 HTML 的英文全称为 Hyper<wbr/>
Text<wbr/>Markup<wbr/>Language</p>
    </body>
</html>
```

运行结果如图1-9所示。

特殊符号：< > & " ® © ™

第一段

第二段

第三段

在段落标记中加入
换行标记

HTML的英文全称HTML的英文全称HTML的英文全称HTML的英文全称为Hyper
TextMarkupLanguage

图1-9 段落

知识模块3 图片和多媒体

HTML的图片和多媒体可以为网页添加图片、视频、音频等内容，丰富网页的显示
效果。

在本项目中，将使用图片对页面进行美化。

知识结构如图1-10所示。

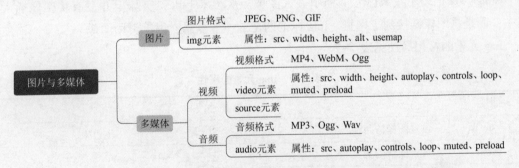

图1-10 图片和多媒体

1. 图片

（1）图片格式

HTML常用的图片格式有：

①JPEG格式。

JPEG格式的扩展名为 .jpg 或 .jpeg。它是一种广泛使用的有损图像压缩格式，支持的颜
色丰富，占用空间较小，不支持透明背景和动画。其适用于照片和复杂图像，可以提供较高
的图像质量。

②PNG格式。

PNG格式的扩展名为 .png。它是一种较高质量的无损图像压缩格式，支持的颜色丰富，

占用空间略大，支持透明背景，不支持动画。适用于图标、简单图形和带有透明效果的图像。

③GIF 格式。

GIF 格式的扩展名为 .gif。它是一种支持动画和透明背景的无损图像压缩格式，仅支持256 种颜色，色彩呈现不是很完整。适用于简单动画、图标和小尺寸的图像，不适合保存复杂的图像，尤其是照片。

三种图片格式的比较见表 1-6。

表 1-6　图片格式的比较

格式	颜色	占用空间	透明背景	动画	适用场景
JPEG	丰富	较小	不支持	不支持	照片、复杂图像
PNG	丰富	略大	支持	不支持	图标、复杂图形、线条、文本
GIF	256 色	最小	支持	支持	动画、图标、线条、文本

这些图片格式在不同场景和需求下有各自的优势与用途。图片格式的选择取决于图像的内容、质量要求、透明性需求以及是否需要支持动画。根据具体情况选择适当的图片格式可以在保证图像质量的同时减小文件大小，提高网页加载性能。

（2）img 元素

<img/>标记用于在 HTML 文档中嵌入图像。从技术上讲，实际上并没有将图像插入网页中，而是将图像链接到了网页。img 标记创建了一个容器，用于引用图像。

img 元素的常用属性见表 1-7。

表 1-7　img 元素的属性

属性	描述
src	设置图像的路径
width	设置图像的宽度
height	设置图像的高度
alt	设置图像的替代文本
usemap	设置图像的映射

【例】demo1_05.html

```
<! DOCTYPE html>
<html>
    <head>
        <meta charset = "UTF-8">
        <title>图片</title>
    </head>
```

```
    <body>
        <img src="img/ldyx1.jpg"alt="两弹一星图片"title="默认尺寸"/><br/>
        <img src="img/ldyx2.jpg"alt="两弹一星图片"title="图片不能显示,显示替代文
本"/><br/>
        <img src="img/ldyx1.jpg"alt="两弹一星图片"width="300px"title="宽度
300px,高度等比例缩放"/><br/>
        <img src="img/ldyx1.jpg"alt="两弹一星图片"width="400px"height="100px"
title="宽度400px,高度100px"/><br/>
    </body>
</html>
```

运行结果如图 1-11 所示。

两弹一星图片

图 1-11 图片

2. 多媒体

(1) 视频

①视频格式。

• MP4 格式：一种广泛使用的数字多媒体容器格式，文件扩展名为 . mp4。

• WebM 格式：由 Google 发布的一个开放、免费的媒体文件格式，文件扩展名为 . webm。

• Ogg 格式：一种开源的视频封装容器格式，文件扩展名为 . ogg。

②video 元素。

<video></video>元素用于在 HTML 文档中嵌入媒体播放器，支持文档内的视频播放，并且提供了播放、暂停和音量控件来控制视频。

video 元素的常用属性见表 1-8。

表 1-8　video 元素的属性

属性	描述
src	设置视频的 URL
width	设置视频显示区域的宽度，单位是 px，不支持百分比
height	设置视频显示区域的高度，单位是 px，不支持百分比
autoplay	设置视频自动播放
controls	设置视频的控制面板，可以控制视频的播放，包括音量、跨帧、暂停/恢复播放
loop	设置视频循环播放
muted	设置视频默认为静音播放
poster	设置视频的海报帧图片 URL
preload	设置在播放视频前，加载哪些内容会达到最佳的用户体验。值为 none（不应该预加载视频）、metadata（仅预先获取视频的元数据，例如长度）、auto（可以下载整个视频文件）

③source 元素。

<source/>元素用于为媒体元素（如 video、audio 和 picture）指定多个媒体资源。允许指定备用的视频/音频/图像文件，浏览器可以根据浏览器支持或视口宽度进行选择。浏览器将选择它支持的第一个 source。

(2) 音频

①音频格式。

• MP3 格式：一种常见的音频压缩格式，适用于音乐、语音等，文件扩展名为 . mp3。

• Ogg 格式：一种开放的音频容器格式，支持高质量音频，文件扩展名为 . ogg。

• Wav 格式：一种无损音频格式，通常用于存储高质量的音频文件，文件扩展名为 . wav。

②audio 元素。

<audio></audio>元素用于在文档中嵌入音频内容。可以包含一个或多个音频资源。

audio 元素的常用属性见表 1-9。

表 1-9 audio 元素的属性

属性	描述
src	设置音频的 URL
autoplay	设置音频自动播放
controls	设置音频的控制面板，可以控制音频的播放，包括播放进度、暂停/恢复播放
loop	设置音频循环播放
muted	设置音频默认为静音播放
poster	设置音频的海报帧图片 URL
preload	设置在播放音频前，加载哪些内容会达到最佳的用户体验。值为 none（不应该预加载音频）、metadata（仅预先获取音频的元数据，例如长度）、auto（可以下载整个音频文件）

注意：video 和 audio 元素的 autoplay 属性不一定能够实现自动播放功能，这可能是由浏览器自身的策略限制导致的。为了得到更好的用户体验和减少不必要的网络流量，大多数浏览器都会禁止自动播放视频或音频内容。用户必须手动单击"播放"按钮才能开始播放。

【例】demo1_06.html

```
<! DOCTYPE html>
<html>
    <head>
        <meta charset = "UTF-8">
        <title>多媒体</title>
    </head>
    <body>
        <h2>视频</h2>
        <video width = "640px" height = "400px" controls poster = "img/ldyx1.jpg"
preload="none">
            <source src="video/rr.mp4"type="video/mp4"/>
            <source src="video/aa.ogg"type="video/ogg"/>
            您的浏览器不支持 video 标签。
        </video>
        <h2>音频</h2>
        <audio src="audio/olay.mp3"autoplay controls loop muted>
            您的浏览器不支持 audio 标签。
        </audio>
    </body>
</html>
```

运行结果如图 1-12 所示。

视频

音频

图 1-12　多媒体

知识模块 4　创建超链接

　　在 HTML 中，超链接是一个元素，用于在网页中创建可单击的链接，使用户可以通过单击链接跳转到其他页面或资源。通过超链接，用户可以从一个页面快速地跳转到另一个页面，然后跳转到更多的页面。可以对文本或图像设置超链接，将鼠标指针移动到网页中的某个超链接上时，鼠标指针将会变为一只小手。超链接是 Web 页面区别于其他媒体的重要标志之一。

　　在本项目中，将使用锚点链接实现网页内部不同内容之间的跳转。

　　知识结构如图 1-13 所示。

图 1-13　创建超链接

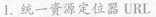

1. 统一资源定位器 URL

统一资源定位器，英文全称为 Uniform Resource Locator，简称 URL，是用于识别 Internet 上资源位置的标准格式。互联网上的每个信息资源都有唯一的 URL，它包含的信息指出了资源的位置以及浏览器应该怎么处理它。网页地址就是 URL。

URL 地址的格式为：

协议类型://主机名[:端口号][/路径][?参数][#锚点]

其中，方括号括起来的内容为可选项。

（1）协议类型

协议类型指明了 URL 使用的传输协议，常用的协议类型有：

• http：通过 HTTP 访问资源。HTTP 协议全称为超文本传输协议，用于传输网页资源，是应用最为广泛的 URL 协议类型。

• https：通过安全的 HTTPS 访问资源。HTTPS 协议全称为超文本传输安全协议，在 HTTP 的基础上加入了 SSL，提升了网页传输的安全性。

• ftp：通过 FTP 访问资源。FTP 协议全称为文件传输协议，用于在网络上进行文件传输。

• file：访问的资源是本地计算机上的文件。格式为 file:///。注意，后边应是三个斜杠。

（2）主机名

主机名是指存放资源的服务器的域名系统（DNS）主机名或 IP 地址。例如：www. news. cn、202. 108. 22. 5。

在某些情况下，主机名前面可以包含连接到服务器所需的用户名和密码，格式如 username：password@ hostname。

（3）端口号

端口号是指服务器的端口号，使用冒号 ":" 分隔符。例如：:8080。如果使用默认端口（例如 HTTP 的 80 端口），则可以省略。

（4）路径

路径是指访问资源的路径，由用一个或多个斜杠 "/" 分隔的目录和文件名组成。例如：/web/img。

（5）参数

参数是以 "?" 开始的查询字符串，用于传递参数给服务器，每个参数由 "=" 分隔名称和值，多个参数由 "&" 分隔。例如：? para1＝value1&para2＝value2。

（6）锚点

锚点是以 "#" 开始的锚点定位，用于指定网页内部的某个位置。

这些组件不是所有 URL 都必须包含的，只有协议类型和主机名是必须包含的，其他都是可选的。

2. 绝对路径与相对路径

在 HTML 中，资源的路径有两种表示方法：绝对路径和相对路径。

（1）绝对路径

绝对路径是指完整的路径，包括两种类型：

• URL：网络地址，例如：http://www.news.cn。

• 物理路径：文件在硬盘上的真正路径，例如：C:\num\123.txt。物理路径不适合在网页中应用。

（2）相对路径

相对路径是指相对于当前目录的路径，包括三种类型：

• ./或无：表示当前目录。

• ../：表示当前目录的上一级目录。

• /：表示根目录。

【例】

目录结构如图 1-14 所示。

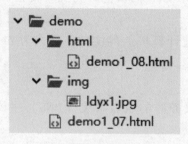

图 1-14　目录结构

demo1_07.html

```
<! DOCTYPE html>
<html>
    <head>
        <meta charset = "UTF-8">
        <title>绝对路径与相对路径</title>
    </head>
    <body>
        <h3>此网页为 demo1_07.html</h3>
        <a href = "http://www.news.cn">新华网</a><br/>
        <a href = "./html/demo1_08.html">demo1_08.html</a><br/>
        <img src = "img/ldyx1.jpg"/>
    </body>
</html>
```

运行结果如图 1-15 所示。

此网页为demo1_07.html

新华网
demo1_08.html

图 1-15　绝对路径与相对路径

demo1_08. html

```
<! DOCTYPE html>
<html>
    <head>
        <meta charset = "UTF-8">
        <title>绝对路径与相对路径</title>
    </head>
    <body>
        <h3>此网页为 demo1_08.html</h3>
        <a href = "http://www.news.cn">新华网</a><br/>
        <a href = "../demo1_07.html">demo1_07.html</a><br/>
        <img src = "../img/ldyx1.jpg"/>
    </body>
</html>
```

运行结果如图 1-16 所示。

3. a 元素

<a></a>元素用于定义超链接，用来从一个页面链接到另一个页面或资源。

a 元素的常用属性见表 1-10。

此网页为demo1_08.html

新华网
demo1_07.html

图 1-16　绝对路径与相对路径

表 1-10　a 元素的属性

属性	描述
href	设置链接指向页面的地址
target	设置在何处打开被链接的文档。值为_blank（新窗口或选项卡打开）、_parent（父框架中打开）、_self（默认值，本窗口或本框架中打开）、_top（当前窗口的整个主体中打开）
rel	设置当前文档和被链接文档之间的关系
download	设置当用户单击超链接时将下载目标
media	设置被链接文档是为何种媒介/设备优化的
type	设置被链接文档的媒体类型

　　超链接可以根据不同的标准进行多种分类。基于连接路径的不同，超链接可以分为内部链接、外部链接和锚点链接；基于使用对象的不同，超链接可以分为文本链接、图像链接、E-mail 链接、锚点链接、多媒体文件链接和空链接。

　　（1）内部链接

　　内部链接是指链接到本网站的其他页面，使用相对路径。

　　例如：

```
<a href="index.html"target="_blank">index.html</a>
```

　　（2）外部链接

　　外部链接是指链接到其他网站的页面，使用绝对路径 URL。

例如：

```
<a href="http://www.news.cn"target="_self">新华网</a>
```

（3）锚点链接

锚点链接首先在页面的指定位置设置标记（通常为元素的 id 值），然后创建超链接，链接到这些标记（链接地址格式为"#id 值"），即可快速访问到页面的指定位置。

【例】demo1_09.html

```
<!DOCTYPE html>
<html>
    <head>
        <meta charset="UTF-8">
        <title>锚点链接</title>
    </head>
    <body>
        <a id="a1"href="#m1">两弹一星</a>  
        <a href="#m2">伟大精神</a>
        <h3 id="m1">两弹一星</h3>
        <a href="#a1">返回</a>
        <br/><br/><br/><br/>
        <p id="m2">伟大精神</p>
        <a href="#a1">返回</a>
        <br/><br/><br/><br/>
    </body>
</html>
```

运行结果如图 1-17 所示。

图 1-17　锚点链接

图 1-17　锚点链接（续）

（4）空链接

空链接就是设置 a 元素的 href 属性单击不生效，不产生跳转。

例如：

```
<a href="#">空链接</a>
```

文本链接、图像链接、E-mail 链接、多媒体文件链接分别是基于文本、图像、E-mail、多媒体文件等对象进行超链接。

【例】demo1_10. html

```
<! DOCTYPE html>
<html>
    <head>
        <meta charset="UTF-8">
        <title>基于使用对象的链接</title>
    </head>
    <body>
        <a href="demo1_09.html"target="_self">文本链接</a><br/>
        <a href="http://www.news.cn"target="_blank"><img src="img/ldyx1.jpg"
width="200px"/></a><br/>
        <a href="mailto:xxx@ 163.com">E-mail 链接</a><br/>
        <a href="audio/olay.mp3"target="_blank">多媒体文件链接</a><br/>
        <a href="#">空链接</a>
    </body>
</html>
```

运行结果如图 1-18 所示。

4. 图像映射

图像映射是在一张图片中定义若干个区域，对每个区域指定一个不同的超链接，当单击不同区域时，将跳转到相应的页面。

文本链接

E-mail链接
多媒体文件链接
空链接

图 1-18 基于使用对象的链接

语法：

```
<img src="图片地址" usemap="#图像映射名"/>
<map name="图像映射名" id="图像映射名">
    <area shape="circle" coords="x1,y1,r" href="链接1"/>
    <area shape="rect" coords="x1,y1,x2,y2" href="链接2"/>
    <area shape="poly" coords="x1,y1,x2,y2,…xn,yn" href="链接3"/>
</map>
```

语法说明：

● <img/>标记用于插入图像。usemap 属性用于指定在此图像上应用图像映射的名字，以#开头。

● <map></map>标记用于设置图像映射。name 和 id 属性用于设置图像映射名。

● <area/>标记必须嵌套在 map 标记内部，用于定义映射区域。其中，shape 属性用于定义映射区域的形状；coords 属性用于定义形状的坐标和半径；href 属性用于定义不同映射区域的链接地址。映射区域形状见表 1-11。

表 1-11 映射区域形状

shape 属性	coords 属性	描述
circle	x1，y1，r	圆形。x1，y1 为圆心坐标，r 为半径
rect	x1，y1，x2，y2	矩形。x1，y1 为矩形左上角坐标，x2，y2 为矩形右下角坐标
poly	x1，y1，x2，y2，…，xn，yn	多边形。x1，y1，x2，y2，…，xn，yn 为多边形所有顶点的坐标

【例】demo1_11. html

```
<! DOCTYPE html>
<html>
```

```
    <head>
        <meta charset="UTF-8">
        <title>图像映射</title>
    </head>
    <body>
        <img src="img/ldyx1.jpg"usemap="#map1"/>
        <map name="map1"id="map2">
            <area shape="circle"coords="260,70,60"href="demo1_09.html"target
="_blank"/>
            <area shape="rect"coords="10,10,150,200"href="http://www.news.cn"
target="_blank"/>
            <area shape="poly"coords="180,280,400,200,400,350"href="demo1_
10.html"target="_blank"/>
        </map>
    </body>
</html>
```

运行结果如图 1-19 所示。

图 1-19　图像映射

1.4　项目实施

　　"两弹一星"网页设计项目由"标题部分"内容实现、"导航链接"内容实现、"主体部分"内容实现和"版权信息"内容实现 4 个工作任务组成。

　　"两弹一星"网站结构如图 1-20 所示。

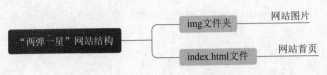

图1-20 "两弹一星"网站结构

"两弹一星"的页面结构见表1-12。"两弹一星"网页效果如图1-1所示。

表1-12 "两弹一星"页面结构

index. html
<html>
<head></head>
<body>
<header></header>标题
<nav></nav>导航链接
<article>主体内容
<section></section>概述
<section></section>历史背景
<section></section>功勋人物
<section></section>伟大精神
</article>
<footer></footer>版权信息
</body>
</html>

工作任务1 "标题部分" 内容实现

1. head 区

head区定义了字符编码、关键词、描述、网页标题、链入外部样式表。HTML 代码如下：

```
<head>
   <!-- 定义字符编码   -->
   <meta charset="UTF-8">
   <!-- 定义关键词   -->
   <meta name="keywords"content="两弹一星">
   <!-- 定义描述   -->
```

```
<meta name="description"content="两弹一星精神表述:热爱祖国、无私奉献、自力更生、
艰苦奋斗、大力协同、勇于攀登。">
    <!-- 设置网页标题  -->
    <title>"两弹一星"精神</title>
</head>
```

2. 标题

标题由 h1 标题和水平线组成，如图 1-21 所示。

<h2 style="text-align:center;">"两弹一星"精神</h2>

图 1-21 标题

HTML 代码如下：

```
<header>
    <h1 id="a1"style="text-align:center;">"两弹一星"精神</h1>
    <hr/>
</header>
```

设置 h1 元素的 id 属性为 a1，style 属性为文本水平居中对齐。

工作任务 2 "导航链接"内容实现

导航链接由锚点链接和水平线组成，如图 1-22 所示。

概述　历史背景　功勋人物　伟大精神

图 1-22 导航链接

HTML 代码如下：

```
<nav>
    <p style="text-align:center;">
        <a href="#a2">概述</a>    
        <a href="#a3">历史背景</a>    
        <a href="#a4">功勋人物</a>    
        <a href="#a5">伟大精神</a>
    </p>
    <hr/>
</nav>
```

设置 p 元素的 style 属性为文本水平居中对齐；设置 a 元素为锚点链接，href 属性分别为
#a2、#a3、#a4、#a5，即链接到相应 id 名称的元素。

工作任务 3 "主体部分" 内容实现

"主体部分" 内容由概述、历史背景、功勋人物和伟大精神组成。

1. 概述

概述由标题、图像映射、文本、锚点链接和水平线组成，如图 1-23 所示。

"两弹一星" 最初是指原子弹、导弹和人造卫星。"两弹" 中的一弹是原子弹，后来演变为原子弹和氢弹的合称；另一弹是导弹。"一星" 则是人造地球卫星。
  2021年9月，中共中央批准了中央宣传部梳理的第一批纳入中国共产党人精神谱系的伟大精神，**"两弹一星"** 精神被列入其中。

返回

图 1-23　概述

HTML 代码如下：

```
<article>
    <section>
        <h2 id="a2"style="text-align:center;">概述</h2>
        <p style="text-align:center;">
            <!-- 图像映射 -->
            <img src="img/ldyx1.jpg"alt=""width="300px"usemap="#Map"/>
            <map name="Map">
                <area shape="rect" coords="2,9,149,100" href="http://
www.baidu.com"alt=""/>
                <area shape="circle" coords="220,150,50" href="http://
www.163.com"alt=""/>
            </map>
        </p>
        <p>
                  <b>"两弹一星"</b>最初是指
原子弹、导弹和人造卫星。"两弹"中的一弹是原子弹,后来演变为原子弹和氢弹的合称;另一弹是导弹。"一
星"则是人造地球卫星。
            <br/>      2021 年 9 月,中共中央批
准了中央宣传部梳理的第一批纳入中国共产党人精神谱系的伟大精神,<b>"两弹一星"</b>精神被列入
其中。
        </p>
```

```
        <p style="text-align:center;">
            <!-- 锚点链接 -->
            <a href="#a1">返回</a>
        </p>
        <hr/>
    </section>
```

设置 h2 元素和 p 元素的 style 属性为文本水平居中对齐；设置 h2 元素的 id 属性为 a2；设置 img 元素的 usemap 属性为#Map，即图片应用名称为 Map 的图像映射；设置 map 元素的矩形和圆形两种图像映射；设置 a 元素为锚点链接，href 属性为#a1，即链接到 id 名称为 a1 的元素。

2. 历史背景

历史背景由标题、超链接、图片、文本、锚点链接和水平线组成，如图 1-24 所示。

历史背景

　　20世纪50年代、60年代是极不寻常的时期，当时面对严峻的国际形势，为抵制帝国主义的武力威胁和核讹诈，50年代中期，以毛泽东同志为核心的第一代党中央领导集体，根据当时的国际形势，为了保卫国家安全、维护世界和平，高瞻远瞩，果断地作出了独立自主研制"两弹一星"的战略决策。大批优秀的科技工作者，包括许多在国外已经有杰出成就的科学家，以身许国，怀着对国家的满腔热爱，响应党和国家的召唤，义无反顾地投身到这一神圣而伟大的事业中来。他们和参与"两弹一星"研制工作的广大干部、工人、解放军指战员一起，在当时国家经济、技术基础薄弱和工作条件十分艰苦的情况下，自力更生，发奋图强，依靠自己的力量和苏联的帮助，用较少的投入和较短的时间，突破了核弹、导弹和人造卫星等尖端技术，取得了举世瞩目的辉煌成就。

返回

图 1-24　历史背景

HTML 代码如下：

```
<section>
    <h2 id="a3"style="text-align:center;">历史背景</h2>
    <p style="text-align:center;">
        <a href="http://www.baidu.com" target="_blank" ><img src=" img/
ldyx2.jpg" alt=" " width=" 300px" /></a>
    </p>
    <p>
                     20 世纪 50 年代、60 年代是
极不寻常的时期，当时面对严峻的国际形势，为抵制帝国主义的武力威胁和核讹诈，50 年代中期，以
毛泽东同志为核心的第一代党中央领导集体，根据当时的国际形势，为了保卫国家安全、维护世界和平，高
瞻远瞩，果断地作出了独立自主研制"两弹一星"的战略决策。大批优秀的科技工作者，包括许多在国
外已经有杰出成就的科学家，以身许国，怀着对国家的满腔热爱，响应党和国家的召唤，义无反顾地投身
```

到这一神圣而伟大的事业中来。他们和参与"两弹一星"研制工作的广大干部、工人、解放军指战员一起，在当时国家经济、技术基础薄弱和工作条件十分艰苦的情况下，自力更生，发奋图强，依靠自己的力量和苏联的帮助，用较少的投入和较短的时间，突破了核弹、导弹和人造卫星等尖端技术，取得了举世瞩目的辉煌成就。

```html
        </p>
        <p style="text-align:center;">
            <!-- 锚点链接  -->
            <a href="#a1">返回</a>
        </p>
        <hr/>
    </section>
```

设置 h2 元素和 p 元素的 style 属性为文本水平居中对齐；设置 h2 元素的 id 属性为 a3；对 img 元素设置超链接；设置底部 a 元素为锚点链接，href 属性为#a1，即链接到 id 名称为 a1 的元素。

3. 功勋人物

功勋人物由标题、图片、文本、锚点链接和水平线组成，如图 1-25 所示。

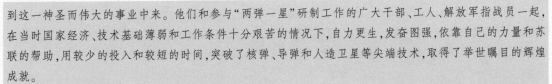

为了给未来的科教兴国政策铺路，确定未来政策主轴，1999年9月18日，在庆祝中华人民共和国成立50周年之际，由中共中央、国务院及中央军委制作了**两弹一星**功勋奖章，授予23位为研制"两弹一星"作出突出贡献的科技专家。

他们是：王淦昌、赵九章、郭永怀、钱学森、钱三强、王大珩、彭桓武、任新民、陈芳允、黄纬禄、屠守锷、吴自良、钱骥、程开甲、杨嘉墀、王希季、姚桐斌、陈能宽、邓稼先、朱光亚、于敏、孙家栋、周光召。

图 1-25 功勋人物

HTML 代码如下：

```html
<section>
    <h2 id="a4"style="text-align:center;">功勋人物</h2>
    <p style="text-align:center;">
        <img src="img/ldyx3.jpg"alt=""width="300px"/>
    </p>
    <p>
               为了给未来的科教兴国政策铺路，确定未来政策主轴,1999 年 9 月 18 日,在庆祝中华人民共和国成立 50 周年之际,由中共中央、国务院及中央军委制作了<b>"两弹一星"</b>功勋奖章,授予 23 位为研制"两弹一星"作出突出贡献的科技专家。
```

```
            <br/>       他们是:王淦昌、赵九章、郭永怀、
钱学森、钱三强、王大珩、彭桓武、任新民、陈芳允、黄纬禄、屠守锷、吴自良、钱骥、程开甲、杨嘉墀、王希季、
姚桐斌、陈能宽、邓稼先、朱光亚、于敏、孙家栋、周光召。
        </p>
        <p style="text-align:center;">
            <!-- 锚点链接   -->
            <a href="#a1">返回</a>
        </p>
        <hr/>
</section>
```

设置 h2 元素和 p 元素的 style 属性为文本水平居中对齐；设置 h2 元素的 id 属性为 a4；设置 a 元素为锚点链接，href 属性为#a1，即链接到 id 名称为 a1 的元素。

4. 伟大精神

伟大精神由标题、图片、文本、锚点链接和水平线组成，如图 1-26 所示。

图 1-26 伟大精神

HTML 代码如下：

```
<section>
    <h2 id="a5"style="text-align:center;">伟大精神</h2>
    <p style="text-align:center;">
        <img src="img/ldyx4.jpg"alt=""width="300px"/>
    </p>
    <p>
               中国人民要学习<b>"两弹一星"</b>
功臣们勇于探索、勇于创新的精神。在<b>"两弹一星"</b>的研制过程中,中国人民看到了高水平的技术
跨越。从原子弹到氢弹,中国仅用两年零八个月的时间,比美国、苏联、法国所用的时间要短得多。在导弹和
```

卫星的研制中所采用的新技术、新材料、新工艺、新方案,在许多方面跨越了传统的技术阶段。\<b\>"两弹一星"\</b\>是中国人民创造活力的产物。

```
          <br/>      <b>"两弹一星"</b>精神表
述:<mark>热爱祖国、无私奉献、自力更生、艰苦奋斗、大力协同、勇于攀登。</mark>
    </p>
    <p style="text-align:center;">
        <!-- 锚点链接   -->
        <a href="#a1">返回</a>
    </p>
    <hr/>
 </section>
</article>
```

设置 h2 元素和 p 元素的 style 属性为文本水平居中对齐;设置 h2 元素的 id 属性为 a5;设置底部 a 元素为锚点链接,href 属性为#a1,即链接到 id 名称为 a1 的元素。b 元素实现文本加粗;mark 元素实现突出显示文本。

工作任务4 "版权信息"内容实现

版权信息由段落和文本组成,如图 1-27 所示。

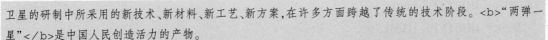

Copyright 2023 © 两弹一星 All rights reserved.

图 1-27 版权信息

HTML 代码如下:

```
<footer>
    <p style="text-align:center;">
        <i>Copyright 2023 &copy;两弹一星 All rights reserved.</i>
    </p>
</footer>
```

设置 p 元素的 style 属性为文本水平居中对齐。i 元素实现文本斜体显示。

1.5 思考练习

一、单选题

1. HTML 是(　　)。

A. 高级文本语言　　　　　　　　　B. 超文本标记语言

C. 扩展标记语言　　　　　　　　　D. 图形化标记语言

2. HTML5 的正确 doctype 是(　　)。

A. <! DOCTYPE html>

B. <! DOCTYPE HTML5>

C. <! DOCTYPE HTML PUBLIC "-//W3C//DTD HTML 5.0//EN" " http://www. w3. org/ TR/html5/strict. dtd">

D. <! DOCTYPE html 5.0>

3. （　　　）标记用于表示 HTML 文档的结束。

A. </body>   B. </html>   C. </table>   D. </title>

4. 在 HTML 中，（　　　）不属于 HTML 文档的基本组成部分。

A. <style></style>   B. <body></body>

C. <html></html>   D. <head></head>

5. 以下不是 HTML 的语义化标记的是（　　　）。

A. <header></header>   B. <section></section>

C. <marquee></marquee>   D. <article></article>

6. 下列选项中，定义标题最合理的是（　　　）。

A. <span class="header">文章标题</span>

B. <p><b>文章标题</b></p>

C. <div>文章标题</div>

D. <h2>标题</h2>

7. 在 HTML 中，（　　　）用来表示特殊字符引号。

A. &reg   B. &copy   C. &quot   D.

8. （　　　）用于在页面中播放音频文件。

A. <video>元素   B. <audio>元素

C. <music>元素   D. <move>元素

9. 下面关于文件路径的说法中，错误的是（　　　）。

A. 文件路径指文件存储的位置

B. 访问下一级目录直接输入相应的目录名即可

C. "../"是返回当前目录的上一级目录

D. "../"是返回当前目录的下一级目录

10. A 文件夹与 B 文件夹是同级文件夹，其中，A 下有 a. html，B 下有 b. html 文件，现在希望在 a. html 文件中创建超链接，链接到 b. html，则在 a. html 页面代码中描述链接内容的方法是（　　　）。

A. b. htm   B. ./. /. /B/b. htm

C. . /B/b. htm   D. . /. . /b. htm

11. 在 HTML 中，下列有关邮箱的链接中，书写正确的是（　　　）。

A. <A href="telnet:zhangming@ aptech. com">发送邮件</A>

B. <A href="mail:zhangming@ aptech. com">发送邮件</A>

C. <A href="ftp:zhangming@ aptech. com">发送邮件</A>

D. <A href="mailto:zhangming@aptech.com">发送邮件</A>

12. （　　） 可以使<a>标签页面不跳转。

A. href="%"   B. href="#"

C. href=""   D. href="."

二、多选题

1. 下列说法中，正确的有 （　　）。

A. 属性要在开始标记中指定，用来表示该标记的性质和特性

B. 属性通常都是以 "属性名="值"" 的形式来表示

C. 一个标记可以指定多个属性

D. 指定多个属性时不用区分顺序

2. 以下标记书写正确的是 （　　）。

A. <p/>   B.
          C. <hr/>   D. <img/>

3. 嵌入 HTML 文档中的图像格式可以是 （　　）。

A. *.gif   B. *.tif   C. *.png   D. *.jpg

4. 常用的视频格式有 （　　）。

A. Wav   B. MP4   C. WebM   D. Ogg

5. 基于连接路径的不同，超链接可分为 （　　）。

A. 内部链接   B. 外部链接   C. 图像链接   D. 锚点链接

三、判断题

1. <base>元素用于定义文档和外部资源之间的关系。（　　）

2. class 属性是 HTML 的全局属性。（　　）

3. 文件命名要求以最短的名称体现最清晰的含义。（　　）

4. 网站首页通常命名为 key.html。（　　）

5. <!-- --->用于定义 HTML 文档的注释。（　　）

1.6 任务拓展

实现 "载人航天精神" 页面。页面结构见表 1-13。

表 1-13　页面结构

index.html
<html>
<head></head>
<body>
<header></header>标题
<nav></nav>导航链接

续表

index. html
<article>主体内容
<section></section>概述
<section></section>发展历程
<section></section>精神内涵
<section></section>伟大精神
</article>
<footer></footer>版权信息
</body>
</html>

"载人航天精神"页面效果如图 1-28 所示。

"载人航天"精神

概述　发展历程　精神内涵　伟大精神

概述

2005年10月17日，我国自主研制的"神舟六号"载人飞船顺利返回。喜讯传来，举国欢腾。中共中央、国务院、中央军委对"神舟六号"载人航天飞行获得圆满成功致电热烈祝贺，全世界中华儿女无不为之感到骄傲和自豪。

伟大的事业孕育伟大的精神，伟大的精神推动伟大的事业。载人航天工程是当今世界高新技术发展水平的集中体现，是衡量一个国家综合国力的重要标志。

返回

发展历程

发展载人航天事业是中国共产党和中华人民共和国长期关注、高度重视的一项伟大工程。20世纪60年代，以毛泽东为核心的党的第一代中央领导集体毅然决定研制两弹一星。中国共产党十一届三中全会后，以邓小平为核心的第二代中央领导集体明确把发展载人航天事业纳入"863"高技术发展计划。以江泽民为核心的第三代中央领导集体郑重作出了实施载人航天工程的重大战略决策，科学确定了"三步走"的发展目标。1999年11月20日—2002年12月30日，成功进行了4次"神舟"号无人飞船飞行试验。2003年10月15日，"神舟"五号载人飞船发射成功，将中国首位航天员杨利伟送上太空，中华民族千年飞天梦想终成现实。

返回

图 1-28　载人航天精神

精神内涵

载人航天精神的基本内涵是：①热爱祖国、为国争光的坚定信念。自觉把个人理想与祖国命运、个人选择与党的需要、个人利益与人民利益紧密联系在一起，始终以发展航天事业为崇高使命，以报效祖国为神圣职责，呕心沥血，奋力拼搏。②勇于登攀、敢于超越的进取意识。知难而进、锲而不舍，勤于探索、勇于创新，相信科学、依靠科学，攻克尖端课题，抢占科技制高点。③科学求实、严肃认真的工作作风。尊重规律，精心组织，精心指挥，精心实施，在任务面前斗志昂扬、连续作战，在困难面前坚韧不拔、百折不挠，在成绩面前永不自满、永不懈怠。④同舟共济、团结协作的大局观念。自觉服从大局、保证大局，同舟共济、群策群力，有困难共同克服，有难题共同解决，有风险共同承担。⑤淡泊名利、默默奉献的崇高品质。一心为事业，舍弃生活方式的多彩而选择单调，舍弃功成名就的机会而选择平凡，不计个人得失，不求名利地位，以苦为乐，无怨无悔。大力弘扬载人航天精神，对于积极推进中国特色军事变革，实现强军目标，对于全面建成小康社会，实现中华民族伟大复兴的强国梦，具有十分重要的意义。

返回

伟大精神

2021年9月，党中央批准了中央宣传部梳理的第一批纳入中国共产党人精神谱系的伟大精神，载人航天精神被纳入。

站在中国正式进入空间站时代的时间轴上，我们再回眸中国航天人29年来所走过的不平凡历程，可以发现，一次次托举起中华民族的民族尊严与自豪的正是一种精神。这种精神，就是**载人航天精神**——特别能吃苦、特别能战斗、特别能攻关、特别能奉献，这也成为民族精神的宝贵财富，激励一代代航天人不忘初心、继续前行。

返回

图1-28 载人航天精神（续）

项目 2

"中华民族精神"网页设计

2.1 项目介绍

某高校软件技术专业的网页设计课程要求进行课程设计，题目为"中华民族精神"，主题为弘扬爱国主义、团结统一、爱好和平、勤劳勇敢、自强不息的中华民族精神和服务人民、艰苦奋斗的劳动品质。学生小王设计了网页效果图，如图 2-1~图 2-6 所示。在网页效果图的基础上，小王将运用 HTML 和 CSS 技术完成网页的制作。

图 2-1 网站首页

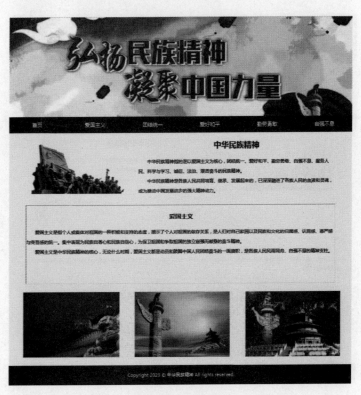

图 2-2 爱国主义

图 2-3　团结统一

图 2-4　爱好和平

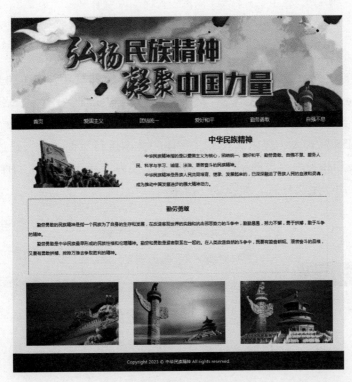

图 2-5 勤劳勇敢

图 2-6 自强不息

2.2 项目分析

"中华民族精神"网页设计项目应用 CSS 样式表、显示和尺寸、字体和文本、内联框架等技术，由"banner 图片"内容实现、"导航链接"内容实现、"主体部分"内容实现和"版权信息"内容实现 4 个工作任务组成。

本项目通过 CSS 样式表、显示和尺寸、字体和文本进行页面美化；通过内联框架技术实现网站首页模板和相关内容页的制作。全部网页实现内容和表现分离，HTML 文件用于定义内容，CSS 文件用于定义样式，如图 2-7 所示。

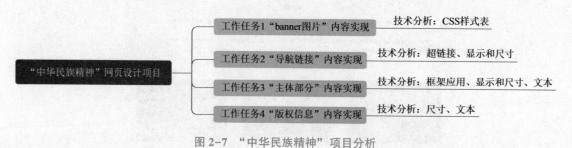

图 2-7 "中华民族精神"项目分析

2.3 知识准备

"中华民族精神"网页设计项目由 CSS 样式表、显示和尺寸、字体和文本、框架应用 4 个知识模块组成。

知识模块 1 CSS 样式表

CSS（Cascading Style Sheets，层叠样式表）是一种描述 HTML 文档样式的语言。CSS 不仅可以静态地修饰网页，还可以配合各种脚本语言动态地对网页各元素进行格式化。CSS 能够对网页中元素位置的排版进行像素级精确控制，支持几乎所有的字体字号样式，拥有对网页对象和模型样式编辑的能力。

在本项目中，将使用样式表对"中华民族精神"网页进行样式设置。

知识结构如图 2-8 所示。

1. CSS 概述

CSS 为 HTML 超文本标记语言提供了一种样式描述，定义了 HTML 元素的显示方式。

CSS 具有以下特点：

（1）提供丰富的页面效果

CSS 提供了丰富的文档样式外观属性，包括显示和尺寸、字体和文本、边框和轮廓、边距和填充、定位和浮动、颜色和背景等，提升页面显示效果。

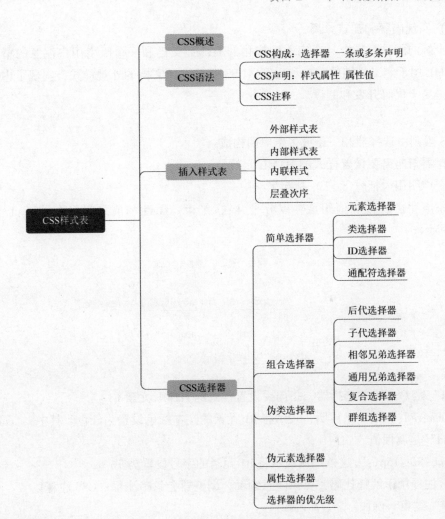

图 2-8　CSS 样式表

（2）易于使用和修改

CSS 可以将样式定义在 HTML 元素的 style 属性中，也可以将其定义在 HTML 文档的 head 部分，还可以将样式声明在一个专门的 CSS 文件中，以供 HTML 页面引用。总之，CSS 样式表可以将所有的样式声明统一存放，进行统一管理。

（3）实现页面风格统一

CSS 样式表可以单独存放在一个 CSS 文件中，这样就可以在多个页面中使用同一个 CSS 样式表，实现多个页面风格的统一。

（4）实现层叠效果

层叠就是对一个元素多次设置同一个样式。例如，对一个站点中的多个页面使用了同一个 CSS 样式表，而某些页面中的某些 HTML 元素想使用其他样式，就可以针对这些元素单独定义样式应用到页面中。最新定义的样式将根据优先级顺序对前面的样式设置进行重写，在浏览器中看到的将是最后设置的样式效果。

（5）实现内容和样式分离

一个好的网站总是由一个完美结构化的 HTML 文档和一个吸引用户注意的精美设计组成。HTML 用于定义文档的结构和内容，CSS 用于定义文档的外观样式，实现了内容和样式的分离，易于代码开发和阅读。

2. CSS 语法

CSS 规则由选择器和一条或多条声明构成。

选择器指向需要设置样式的 HTML 元素。

所有声明用大括号（｛｝）括起来。

每条声明由属性和值组成，以分号（;）结束。属性和值之间用冒号（:）分隔，如图 2-9 所示。

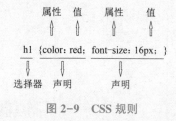

图 2-9　CSS 规则

"h1" 是 CSS 中的选择器，指向要设置样式的 HTML 元素 h1。

"color:red;" 是一条声明，表示将 h1 元素的文本颜色设置为红色。其中，"color" 是属性，"red" 是属性值。

"font-size:16px;" 这条声明表示将 h1 元素的字号设置为 16 px。

CSS 注释用于解释代码，可以随意编辑，浏览器会忽略注释。CSS 注释以 "/*" 开始，以 "*/" 结束。例如：

```
/*对h1元素进行样式设置*/
h1{
    color:red;
    /*这是注释,不会在浏览器中显示*/
    font-size:16px;
}
```

3. 插入样式表

样式表插入网页中有 3 种方法，分别是外部样式表、内部样式表和内联样式。

（1）外部样式表

外部样式表是将 CSS 样式代码单独写在一个 CSS 文件中，然后在 HTML 文件中引用这个 CSS 文件，从而使多个 HTML 页面共享同一套样式。

外部样式表的优点有：

①代码量更少。

使用外部样式表，页面的公共样式只定义一次，就可以应用到所有页面中，减少了代码量，节省了带宽消耗，提升了网页运行效率。

②易于维护。

使用外部样式表，只需要在外部样式表中更改一次公共样式，就可以更改整个站点所有页面的外观，大大降低了网页的维护成本。

外部样式表的创建，首先要对整个外观定义一个 CSS 文件（扩展名为 .css），然后通过 HTML 文档 head 部分的 link 元素引用外部样式表文件。

link 元素用于定义文档与外部资源的关系。常用属性有：

- rel：定义当前文档与被链接文档之间的关系。
- type：定义被链接文档的 MIME 类型。
- href：定义被链接文档的位置。

【例】demo2_01. html

style. css 文件：

```
h1{
    color:red;
    font-size:16px;
}
```

demo2_01. html 文件：

```
<! DOCTYPE html>
<html>
    <head>
        <meta charset = "UTF-8">
        <title>外部样式表</title>
        <link rel = "stylesheet"type = "text/css"href = "style.css"/>
        <body>
            <h1>外部样式表的应用</h1>
        </body>
</html>
```

运行结果如图 2-10 所示。

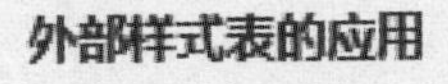

外部样式表的应用

图 2-10 外部样式表

（2）内部样式表

内部样式表就是将 CSS 代码集中写在 HTML 文档头部的<style>标记中。

如果网站的页面数量少，公共样式不多，可以使用内部样式表。

【例】demo2_02. html

```
<! DOCTYPE html>
```

```
<html>
    <head>
        <meta charset="UTF-8">
        <title>内部样式表</title>
        <style type="text/css">
            h1{
                color:green;
                font-size:20px;
            }
        </style>
    </head>
    <body>
        <h1>内部样式表的应用</h1>
    </body>
</html>
```

运行结果如图 2-11 所示。

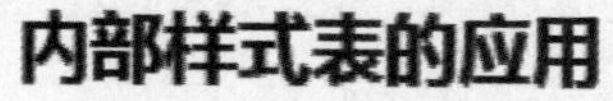

内部样式表的应用

图 2-11　内部样式表

(3) 内联样式

内联样式，也称为行内样式，在 HTML 标记内部通过 style 属性设置样式。

使用内联样式，只能对一个标记生效，如果多个元素想达到同一效果，需要逐个设置 style 属性，增加了代码量，而且不利于实现内容和样式的分离。所以，在一般情况下，不推荐使用内联样式。

【例】demo2_03. html

```
<! DOCTYPE html>
<html>
    <head>
        <meta charset="UTF-8">
        <title>内联样式</title>
    </head>
    <body>
        <h1 style="color:blue;font-size:24px;">内联样式的应用</h1>
    </body>
</html>
```

运行结果如图 2-12 所示。

内联样式的应用

图 2-12 内联样式

（4）层叠次序

如果对一个标记不设置样式，将应用浏览器默认样式。如果对一个标记的同一个属性同时设置了外部样式表、内部样式表和内联样式，将根据"就近原则"应用样式，即哪个样式离标记最近，则这个样式起作用。具体层叠次序为浏览器默认样式<外部样式表<内部样式表<内联样式。

【例】demo2_04. html

style. css 文件：

```
h1{
    color:red;
    font-size:16px;
}
```

demo2_04. html 文件：

```
<! DOCTYPE html>
<html>
    <head>
        <meta charset ="UTF-8">
        <title>层叠次序</title>
        <link rel ="stylesheet"type ="text/css"href ="style.css"/>
        <style type ="text/css">
            h1{color:green;font-size:20px;}
        </style>
    </head>
    <body>
        <h1 style ="color:blue;font-size:24px;">浏览器默认样式 &lt;外部样式表 &lt;内部样式表 &lt;内联样式</h1>
    </body>
</html>
```

运行结果如图 2-13 所示。

浏览器默认样式<外部样式表<内部样式表<内联样式

图 2-13 层叠次序

4. CSS 选择器

CSS 选择器用于在 CSS 层叠样式表中指定要应用样式的 HTML 元素。可以根据不同的条件选择特定的元素，为其定义相应的样式。常用的 CSS 选择器类型包括元素选择器、类选择器、ID 选择器、通配符选择器、组合类选择器、伪类选择器、伪元素选择器和属性选择器等。

（1）简单选择器

简单选择器包括元素选择器、类选择器、ID 选择器和通配符选择器，根据元素的名称、类名或 id 名来选取元素。

①元素选择器。

元素选择器，也称为标签选择器，直接使用元素的名称作为选择符。

语法：

```
元素名{属性:属性值;……}
```

②类选择器。

类选择器为标有 class 值的 HTML 元素指定样式。

在一个 HTML 文档中，多个元素可以定义相同的 class 值，所以类选择器可以描述一组元素的样式。在 HTML 中定义元素的 class 属性，在 CSS 中，类选择器在 class 属性值前加"."。

语法：

```
.class 属性值{属性:属性值;……}
```

③ID 选择器。

ID 选择器为标有特定 id 值的 HTML 元素指定样式。

在一个 HTML 文档中，元素的 id 值是唯一的，不允许重复使用，所以 ID 选择器只能描述某个指定元素的样式。在 HTML 中定义元素的 id 属性，在 CSS 中，ID 选择器在 id 属性值前加"#"。

语法：

```
#id 属性值{属性:属性值;……}
```

④通配符选择器。

通配符选择器使用"*"为全部元素指定样式。

语法：

```
*{属性:属性值;……}
```

【例】demo2_05. html

```
<! DOCTYPE html>
<html>
    <head>
        <meta charset = "UTF-8">
```

```
        <title>简单选择器</title>
        <style type="text/css">
            p{font-size:16px;}
            .className{font-size:20px;}
            #idName{font-size:24px;}
            * {color:red;}
        </style>
    </head>
    <body>
        <p>元素选择器</p>
        <h1 class="className">类选择器</h1>
        <h2 id="idName">ID选择器</h2>
        <h3 class="className">类选择器</h3>
    </body>
</html>
```

运行结果如图 2-14 所示。

元素选择器

类选择器

ID选择器

类选择器

图 2-14 简单选择器

（2）组合选择器

组合选择器包含后代选择器、子代选择器、相邻兄弟选择器、通用兄弟选择器、复合选择器和群组选择器，根据元素之间的特定关系来选取元素。

①后代选择器。

后代选择器用于选取选择器 1 包含的所有选择器 2，包括嵌套的选择器 2，以空格分隔。

语法：

选择器 1　选择器 2{属性:属性值;……}

②子代选择器。

子代选择器用于选取选择器 1 直接包含的选择器 2，不包含嵌套的选择器 2，以大于号（>）分隔。

语法：

选择器 1 > 选择器 2{属性:属性值;……}

【例】demo2_06. html

```
<! DOCTYPE html>
<html>
    <head>
        <meta charset="UTF-8">
        <title>后代和子代选择器</title>
        <style type="text/css">
            .p1{font-size:12px;}
            div.p1{font-size:20px;color:red;}    /*后代选择器*/
            div>.p1{font-size:16px;}             /*子代选择器*/
        </style>
    </head>
    <body>
        <div>
            <p class="p1">div 元素的子代(后代)元素(类名 p1)</p>
            <h1>
                div 元素的子代(后代)元素(h1 元素)
                <p class="p1">div 元素的后代元素(类名 p1)</p>
            </h1>
            <p class="p1">div 元素的子代(后代)元素(类名 p1)</p>
        </div>
        <p class="p1">
            p 元素(类名 p1)
            <div>
                <p class="p1">div 元素的子代(后代)元素(类名 p1)</p>
            </div>
        </p>
    </body>
</html>
```

运行结果如图 2-15 所示。

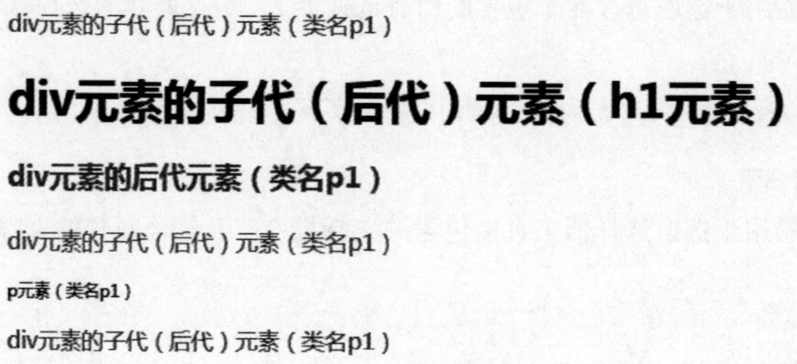

div元素的子代（后代）元素（类名p1）

div元素的子代（后代）元素（h1元素）

div元素的后代元素（类名p1）

div元素的子代（后代）元素（类名p1）

p元素（类名p1）

div元素的子代（后代）元素（类名p1）

图 2-15　后代和子代选择器

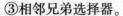

③相邻兄弟选择器。

相邻兄弟选择器用于选取与选择器 1 同级的下一个相邻的选择器 2，并且二者具有相同的父元素，以加号（+）分隔。

语法：

```
选择器 1 + 选择器 2{属性:属性值;……}
```

④通用兄弟选择器。

通用兄弟选择器用于选取与选择器 1 同级的且在选择器 1 后面的所有选择器 2，以波浪号（~）分隔。

语法：

```
选择器 1 ~ 选择器 2{属性:属性值;……}
```

【例】demo2_07. html

```
<! DOCTYPE html>
<html>
    <head>
        <meta charset="UTF-8">
        <title>相邻兄弟和通用兄弟选择器</title>
        <style type="text/css">
            p{font-size:12px;}
            .p1+p{font-size:20px;}    /*相邻兄弟选择器*/
            .p1~p{color:red;}         /*普通兄弟选择器*/
        </style>
    </head>
    <body>
        <div>
            <p>第一段</p>
            <p class="p1">第二段</p>
            <p>第三段</p>
            <p>第四段</p>
            <p>第五段</p>
        </div>
    </body>
</html>
```

运行结果如图 2-16 所示。

⑤复合选择器。

复合选择器用于选择同时满足所有指定选择器的元素，选择器之间没有任何符号连接。

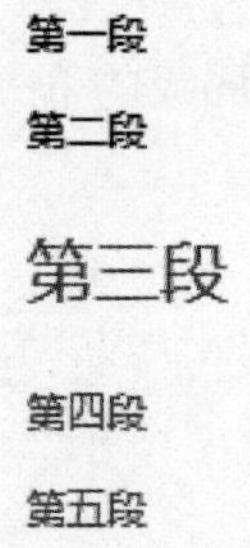

第一段

第二段

第三段

第四段

第五段

图 2-16　相邻兄弟和通用兄弟选择器

语法：

选择器 1 选择器 2{属性:属性值;······}

⑥群组选择器。

群组选择器用于选择多组不同的元素，并对它们应用相同的样式规则，以逗号（,）分隔。

语法：

选择器 1,选择器 2{属性:属性值;······}

【例】demo2_08. html

```
<! DOCTYPE html>
<html>
    <head>
        <meta charset = "UTF-8">
        <title>复合选择器和群组选择器</title>
        <style type = "text/css">
            .p1{font-size:12px;}
            .p2{font-size:20px;}
            .p1.p2{font-size:24px;}    /* 复合选择器 */
            div.p2{font-size:28px;}    /* 复合选择器 */
            .p1,.p2{color:blue;}    /* 群组选择器 */
        </style>
    </head>
<body>
    <div>
        <p class = "p1">p 元素(类名 p1)</p>
        <p class = "p2">p 元素(类名 p2)</p>
        <p class = "p1 p2">p 元素(类名 p1 和 p2)</p>
        <div class = "p2">div 元素(类名 p2)</p>
    </div>
```

```
    </body>
</html>
```

运行结果如图 2-17 所示。

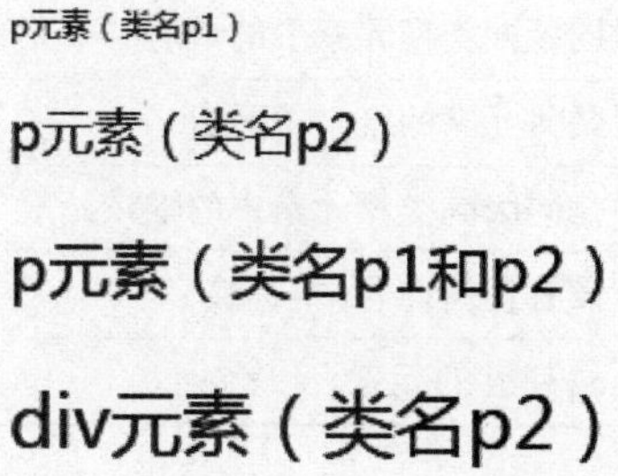

p元素（类名p1）

p元素（类名p2）

p元素（类名p1和p2）

div元素（类名p2）

图 2-17　复合选择器和群组选择器

（3）伪类选择器

伪类选择器根据元素的特定状态来选取元素。这些状态通常是基于用户与文档的交互，例如鼠标悬停、单击、焦点等。伪类与类（class）相似，但它们是基于文档之外的抽象状态定义的，因此称为伪类。

伪类选择器是 CSS 中非常有用的工具，它们允许开发者根据元素的当前状态来调整样式，从而增强用户体验和页面的互动性。

语法：

选择器:伪类名{属性:属性值;……}

常用的伪类选择器见表 2-1。

表 2-1　伪类选择器

伪类名	描述
:link	选择链接未被访问过的元素
:visited	选择链接被访问后的元素
:hover	选择鼠标悬停的元素
:active	选择鼠标激活的元素
:focus	选择获得键盘焦点的元素
:root	选择文档的根元素,即<html>元素
:first-child	选择某元素的父元素的第一个子元素
:last-child	选择某元素的父元素的最后一个子元素
:nth-child(n)	选择某元素的父元素的第 n 个子元素
:nth-last-child(n)	选择某元素的父元素的倒数第 n 个子元素
:nth-of-type(n)	选择某元素同级同类型元素中的第 n 个元素

续表

伪类名	描述
:nth-last-of-type(n)	选择某元素同级同类型元素中的倒数第 n 个元素
:first-of-type	选择某元素同级同类型元素中的第一个元素
:last-of-type	选择某元素同级同类型元素中的最后一个元素
:only-child	选择某元素是父元素的唯一子元素
:only-of-type	选择某元素是同级同类型元素中的唯一元素
:empty	选择的元素没有任何内容(空标签)
:lang	选择指定 lang 属性的元素

【例】 demo2_09.html

```
<! DOCTYPE html>
<html>
    <head>
        <meta charset="UTF-8">
        <title>伪类选择器</title>
        <style type="text/css">
            a:link{color:blue;}
            a:visited{color:black;}
            a:hover{color:green;}
            a:active{color:red;}
            p:root{font-size:16px;color:black;}
            p:first-child{font-size:12px;}
            p:last-child{font-size:28px;}
            p:nth-child(2){font-size:20px;}
            p:nth-last-child(2){font-size:24px;}
            p:nth-of-type(3){color:red;}
            p:nth-last-of-type(2){color:green;}
            p:first-of-type{color:blue;}
            p:last-of-type{color:orange;}
            h3:only-child{background-color:green;}
            div:only-of-type{background-color:red;}
            p:empty{width:100px;height:30px;background-color:blue;}
        </style>
    </head>
    <body>
        <a href="#">超链接元素</a>
        <div>
```

```
        <p>第一段</p>
        <p>第二段</p>
        <p>第三段</p>
        <p>第四段</p>
        <p>第五段</p>
    </div>
    <div>
        <h3>标题 1</h3>
    </div>
    <div>
        <h3>标题 2</h3>
        <div>层</div>
    </div>
    <p></p>
    </body>
</html>
```

运行结果如图 2-18 所示。

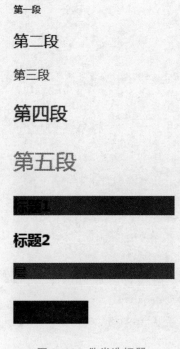

图 2-18　伪类选择器

（4）伪元素选择器

伪元素选择器根据元素的特定内容来选取元素，用来添加一些选择器的特殊效果。

语法：

选择器:伪元素名{属性:属性值;······}

常用的伪元素选择器见表2-2。

表 2-2　伪元素选择器

伪元素名	描述
:first-letter	向文本的第一个字母添加样式
:first-line	向文本的第一行添加样式
:before	在元素之前添加内容
:after	在元素之后添加内容
:enabled	选择当前处于可用状态的元素
:disabled	选择当前处于不可用状态的元素
:checked	选择当前处于选中状态的元素
:not(selector)	选择所有 selector 元素以外的元素
:target	选择正在访问的锚点目标元素
::selection	选择用户当前选取内容所在的元素

【例】demo2_10.html

```
<! DOCTYPE html>
<html>
    <head>
        <meta charset = "UTF-8">
        <title>伪元素选择器</title>
        <style type = "text/css">
            p:first-letter{font-size:24px;}
            p:first-line{color:green;}
            h3:before{content:"h3 标题之前";}
            h3:after{content:"h3 标题之后";}
            :enabled{color:green;}
            :disabled{color:red;}
            :checked{outline:3px solid red;}   /*设置轮廓*/
            h2:not(.a){color:blue;}
            ::selection{color:red;}
        </style>
    </head>
    <body>
        <p>
```

```
        第一行<br/>
        第二行
    </p>
    <h3>-h3 标题-</h3>
    <h2 class="a">h2 标题(类名为 a)</h2>
    <h2 class="b">h2 标题(类名为 b)</h2>
    <input type="button"value="可用按钮"/>
    <input type="button"value="不可用按钮"disabled="disabled"/><br/><br/>
    <input type="checkbox"value=""/>
    <input type="checkbox"value=""/>
  </body>
</html>
```

运行结果如图 2-19 所示。

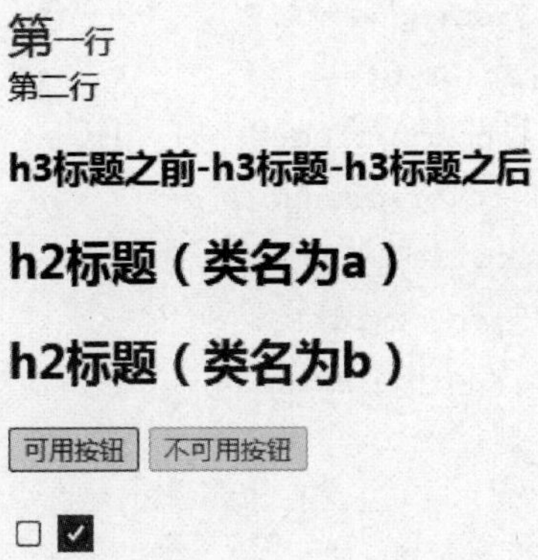

第一行
第二行

h3标题之前-h3标题-h3标题之后

h2标题（类名为a）

h2标题（类名为b）

可用按钮 不可用按钮

☐ ☑

图 2-19 伪元素选择器

（5）属性选择器

属性选择器根据元素的属性或属性值来选取元素。

属性选择器的语法见表 2-3。

表 2-3 属性选择器

语法	描述
元素［属性名］{}	选择含有指定属性的元素
元素［属性名=属性值］{}	选择含有指定属性和属性值的元素
元素［属性名~=属性值］{}	选择含有指定属性并包含指定属性值的元素，该值必须是整个单词，前、后可以有空格
元素［属性名丨=属性值］{}	选择含有指定属性并以指定属性值开头的元素，该值必须是整个单词或者后面跟着连字符（-）
元素［属性名^=属性值］{}	选择含有指定属性，并以指定属性值开头的元素

语法	描述
元素［属性名 $ =属性值］{}	选择含有指定属性并以指定属性值结尾的元素
元素［属性名 * =属性值］{}	选择含有指定属性并包含指定属性值的元素

【例】demo2_11. html

```
<! DOCTYPE html>
<html>
    <head>
        <meta charset = "UTF-8">
        <title>属性选择器</title>
        <style type = "text/css">
            p{color:#000000;}
            p[lang]{color:red;}
            p[title = "a"]{color:green;}
            p[title~ = "b"]{color:blue;}
            p[title|= "c"]{color:orange;}
            p[title^= "d"]{color:purple;}
            p[title$ = "e"]{color:pink;}
            p[title* = "f"]{color:brown;}
        </style>
    </head>
    <body>
        <p lang = "">lang = ""</p>
        <p lang = "zh">lang = "zh"</p>
        <p title = "a">title = "a"</p>
        <p title = "a r">title = "a r"</p>
        <p title = "r b">title = "r b"</p>
        <p title = "br">title = "br"</p>
        <p title = "c-r">title = "c-r"</p>
        <p title = "cr">title = "cr"</p>
        <p title = "dr">title = "dr"</p>
        <p title = "d r">title = "d r"</p>
        <p title = "re">title = "re"</p>
        <p title = "r e">title = "r e"</p>
        <p title = "rf">title = "rf"</p>
        <p title = "f r">title = "f r"</p>
    </body>
</html>
```

运行结果如图 2-20 所示。

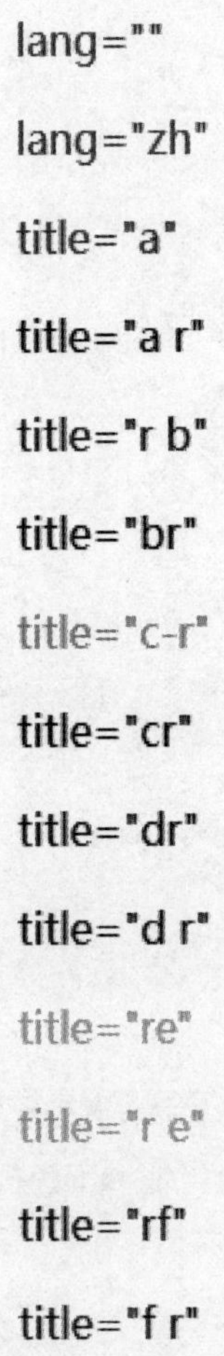

lang=""

lang="zh"

title="a"

title="a r"

title="r b"

title="br"

title="c-r"

title="cr"

title="dr"

title="d r"

title="re"

title="r e"

title="rf"

title="f r"

图 2-20 属性选择器

（6）选择器的优先级

选择器的优先级用于确定当多个样式规则应用于同一个元素时，哪个规则应该被优先应用。选择器的优先级由以下几个因素决定：

①!important：优先级最高，权重为无穷大。

②内联样式：权重为 1 000。

③ID 选择器：权重为 100。

④类选择器、属性选择器和伪类选择器：权重为 10。

⑤元素选择器和伪元素选择器：权重为 1。

⑥通配选择器和组合选择器：优先级最低，权重为 0。

当优先级相同的时候，后定义的样式将覆盖先定义的样式。

判断优先级，以权重为指标，权重越大，优先级越高。一个复杂的选择器的权重等于所有选择器的权重之和。!important 的优先级虽然是最高的，但是如果出现相同的!important，将会再次对比选择器的优先级谁高，决定最终使用哪个样式。

【例】 demo2_12. html

```
<! DOCTYPE html>
<html>
    <head>
        <meta charset="UTF-8">
        <title>选择器的优先级</title>
        <style type="text/css">
            *{color:black;}
            p{color:red!important;}
            #id1{ color:blue;}
            .class1{ color:green;}
        </style>
    </head>
    <body>
        <p id="id1"class="class1"style="color:yellow;">选择器的优先级</p>
    </body>
</html>
```

运行结果如图 2-21 所示。

选择器的优先级

图 2-21　选择器的优先级

知识模块 2　显示和尺寸

CSS 的显示和尺寸属性用于控制元素的显示方式和尺寸大小，能够设置元素显示为块级元素、行内元素或行内块元素；设置元素是否可见；设置元素溢出处理；设置元素的宽度、高度和行高等。

在本项目中，将使用显示和尺寸属性实现页面的样式控制。

知识结构如图 2-22 所示。

1. 显示

CSS 的显示属性包括 display 属性、visibility 属性、overflow 属性和 cursor 属性等，其中涉及块级元素和行内元素的概念。

（1）块级元素和行内元素

在 CSS 中，元素可以分为三类：块级元素、行内元素和行内块元素。

①块级元素。

块级元素独占一行，占据全部可用宽度。

块级元素可以设置宽度（宽度默认为父元素的 100%）、高度、外边距和内边距。

常见的块级元素有<div>、<p>、<h1>~<h6>、<ul>、<ol>、<li>、<form>、<table>等。

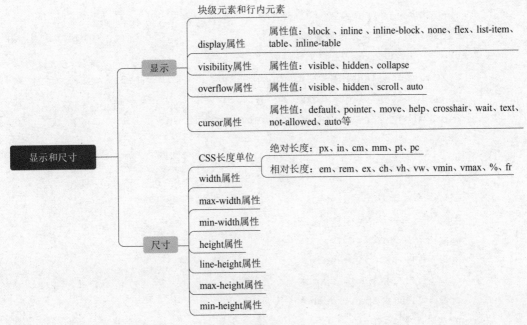

图 2-22　显示和尺寸

　　<div>元素是 HTML 中的一个基础的块级元素，其本身不包含任何默认的样式或表现，通常用来作为其他 HTML 元素的容器。<div>元素可以包含文字、图片、链接、列表、其他<div>等几乎所有类型的 HTML 元素。

　　<div>元素在视觉上不提供任何默认效果，但它可用于创建较大的内容区块，实现复杂布局，与 CSS 配合使用，实现大规模结构化的网页布局和美化。

　　②行内元素。

　　行内元素与其他元素在同一行显示。

　　行内元素不可以设置宽度、高度、上下外边距（margin-top 和 margin-bottom），但可以设置左右外边距（margin-left 和 margin-right）以及内边距。

　　常见的行内元素有<span>、<a>、<strong>、<em>等。

　　<span>元素是 HTML 中的行内元素，其本身不具有任何特定的语义含义，仅用于将一部分文本和元素包裹起来，以便对其应用样式或添加其他属性。

　　③行内块元素。

　　行内块元素具有块元素和行内元素的特点。

　　行内块元素与其他元素在同一行显示，并且可以设置宽度、高度、内边距和外边距。

　　常见的行内块元素有<img>、<input>、<td>等。

　　【例】demo2_13. html

```
<! DOCTYPE html>
<html>
    <head>
```

```
        <meta charset = "UTF-8">
        <title>块级元素和行内元素</title>
        <style type = "text/css">
            div{width:100px;height:30px;background-color:red;}
            span{background-color:green;color:white;}
            p,h3{background-color:orange;color:white;}
        </style>
    </head>
    <body>
        <div>块级元素 div</div>
        <div>块级元素 div</div>
        <div>块级元素 div</div>
        <span>行内元素 span</span>
        <span>行内元素 span</span>
        <span>行内元素 span</span>
        <p>块级元素 p</p>
        <p>块级元素 p</p>
        <a href = "#">行内元素 a</a>
        <a href = "#">行内元素 a</a>
        <a href = "#">行内元素 a</a>
        <h3>块级元素 h3</h3>
        <h3>块级元素 h3</h3>
    </body>
</html>
```

运行结果如图 2-23 所示。

图 2-23 块级元素和行内元素

（2）display 属性

CSS 的 display 属性用于指定一个元素在页面中的显示方式。

display 属性的常用属性值见表 2-4。

表 2-4 display 属性

属性值	描述
block	设置元素显示为块级元素
inline	默认值，设置元素显示为行内元素
inline-block	设置元素显示为行内块元素
none	设置元素不被显示
flex	设置元素显示为弹性盒子
list-item	设置元素显示为列表
table	设置元素显示为块级表格，表格前后带有换行符
inline-table	设置元素显示为行内表格，表格前后没有换行符

【例】demo2_14. html

```
<! DOCTYPE html>
<html>
    <head>
        <meta charset = "UTF-8">
        <title>display 属性</title>
        <style type = "text/css">
            .inline{display:inline;}
            .block{display:block;}
            a{display:inline-block;width:150px;height:30px;background-color:
gray;}
            h1{display:none;}
            .list{display:list-item;}
            .table{display:table;}
            .intable{display:inline-table;}
        </style>
    </head>
    <body>
        <div class = "inline">设置为行内元素</div>
        <div class = "inline">设置为行内元素</div>
        <div class = "inline">设置为行内元素</div><hr/>
        <span class = "block">设置为块元素</span>
        <span class = "block">设置为块元素</span>
```

```
            <span class = "block">设置为块元素</span><hr/>
            <a href = "#">设置为行内块元素</a>
            <a href = "#">设置为行内块元素</a>
            <a href = "#">设置为行内块元素</a><hr/>
            <h1 class = "none">设置为不显示</h1><hr/>
            <span class = "list">设置为列表</span>
            <span class = "list">设置为列表</span>
            <span class = "list">设置为列表</span><hr/>
            <span class = "table">设置为块级表格</span>
            <span class = "table">设置为块级表格</span>
            <span class = "table">设置为块级表格</span><hr/>
            <div class = "intable">设置为行内表格</div>
            <div class = "intable">设置为行内表格</div>
            <div class = "intable">设置为行内表格</div>
        </body>
</html>
```

运行结果如图 2-24 所示。

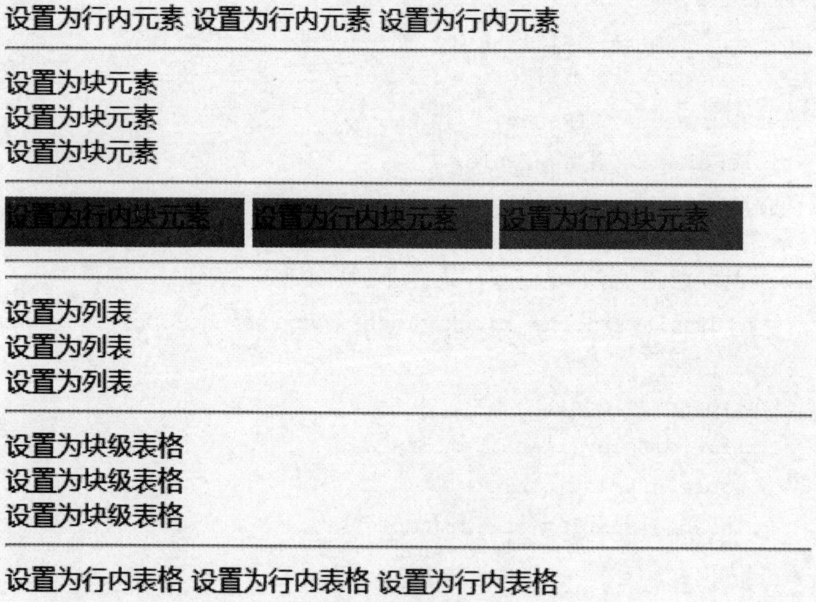

图 2-24　display 属性

（3）visibility 属性

CSS 的 visibility 属性用于指定一个元素是否可见。

visibility 属性的常用属性值见表 2-5。

表 2-5　visibility 属性值

属性值	描述
visible	默认值,设置元素可见
hidden	设置元素不可见
collapse	当在表格元素中使用时,此值可删除一行或一列,但是它不会影响表格的布局。被行或列占据的空间会留给其他内容使用。如果此值被用在其他元素上,会呈现为 "hidden"

visibility:hidden 和 display:none 都可以隐藏一个元素,但是两种方法会产生不同的结果。使用 visibility:hidden 隐藏的元素仍然会占用空间,影响布局;使用 display:none 隐藏的元素不会占用任何空间,不影响布局。

【例】demo2_15. html

```
<! DOCTYPE html>
<html>
    <head>
        <meta charset = "UTF-8">
        <title>visibility 属性</title>
        <style type = "text/css">
            .visible{visibility:visible;}
            .hidden{visibility:hidden;}
            .none{display:none;}
        </style>
    </head>
    <body>
        <div class = "visible">以下元素 visibility:hidden;</div>
        <div class = "hidden">visibility:hidden;</div>
        <div class = "visible">以上元素 visibility:hidden;</div><hr/>
        <div class = "visible">以下元素 display:none;</div>
        <div class = "none">display:none;</div>
        <div class = "visible">以上元素 display:none;</div>
    </body>
</html>
```

运行结果如图 2-25 所示。

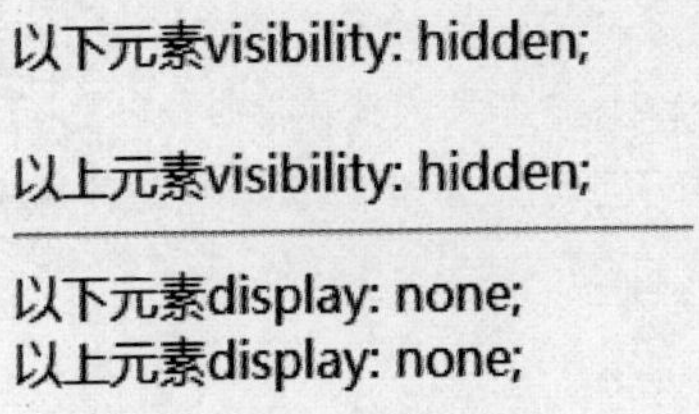

以下元素visibility: hidden;

以上元素visibility: hidden;

以下元素display: none;
以上元素display: none;

图 2-25　visibility 属性

（4）overflow 属性

CSS 的 overflow 属性用于控制当元素的内容超出其指定的大小（宽度或高度）时，应该如何显示和处理。

overflow 属性的常用属性值见表 2-6。

表 2-6 overflow 属性值

属性值	描述
visible	默认值，如果内容溢出，将会显示在元素框之外
hidden	如果内容溢出，超出部分会被裁剪，不会被显示出来
scroll	在元素框中显示滚动条，以便用户可以查看超出元素框的内容
auto	如果内容溢出，浏览器会自动添加滚动条，以便查看超出元素框的内容

【例】demo2_16. html

```
<! DOCTYPE html>
<html>
    <head>
        <meta charset = "UTF-8">
        <title>overflow 属性</title>
        <style type = "text/css">
            div{width:260px;height:60px;border:1px solid #000000;}
            .visible{overflow:visible;}
            .hidden{overflow:hidden;}
            .scroll{overflow:scroll;}
            .auto{overflow:auto;}
        </style>
    </head>
    <body>
        <div class = "hidden">中华民族精神指的是以爱国主义为核心,团结统一、爱好和平、勤
劳勇敢、自强不息、服务人民、科学与学习、诚信、法治、艰苦奋斗的民族精神。</div><br/>
        <div class = "scroll">中华民族精神指的是以爱国主义为核心,团结统一、爱好和平、勤
劳勇敢、自强不息、服务人民、科学与学习、诚信、法治、艰苦奋斗的民族精神。</div><br/>
    <div class = "auto">中华民族精神指的是以爱国主义为核心,团结统一、爱好和平、勤劳勇敢、自强
不息、服务人民、科学与学习、诚信、法治、艰苦奋斗的民族精神。</div><br/>
        <div class = "visible">中华民族精神指的是以爱国主义为核心,团结统一、爱好和平、勤
劳勇敢、自强不息、服务人民、科学与学习、诚信、法治、艰苦奋斗的民族精神。</div>
    </body>
</html>
```

运行结果如图 2-26 所示。

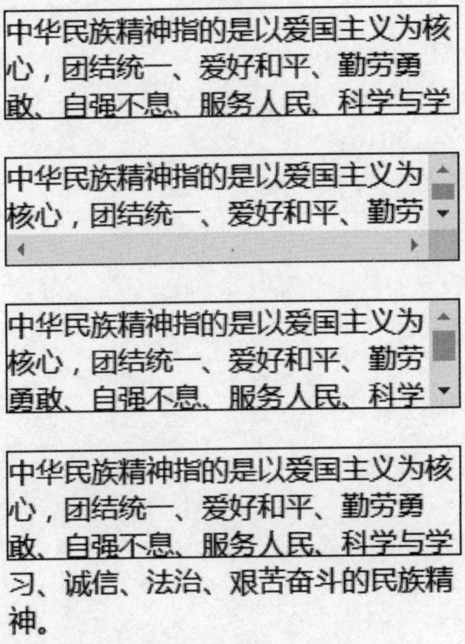

中华民族精神指的是以爱国主义为核心，团结统一、爱好和平、勤劳勇敢、自强不息、服务人民、科学与学

中华民族精神指的是以爱国主义为核心，团结统一、爱好和平、勤劳

中华民族精神指的是以爱国主义为核心，团结统一、爱好和平、勤劳勇敢、自强不息、服务人民、科学

中华民族精神指的是以爱国主义为核心，团结统一、爱好和平、勤劳勇敢、自强不息、服务人民、科学与学习、诚信、法治、艰苦奋斗的民族精神。

图 2-26　overflow 属性

（5）cursor 属性

CSS 的 cursor 属性用于设置鼠标指针放在一个元素边界范围内时所显示的光标形状。cursor 属性的常用属性值见表 2-7。

表 2-7　cursor 属性值

属性值	描述
default	光标为箭头形状
pointer	光标为手形，提示用户当前元素可以单击
move	光标为带有四个方向箭头的形状，提示用户可以移动当前元素
help	光标为问号形状
crosshair	光标为十字线形状
wait	光标为沙漏或转圈形状
text	光标为 I 形状
not-allowed	光标为禁用符号，提示用户当前元素不可操作
auto	默认值，浏览器设置的光标

【例】demo2_17. html

```
<! DOCTYPE html>
<html>
    <head>
```

```
        <meta charset="UTF-8">
        <title>cursor 属性</title>
        <style type="text/css">
            div{width:100px;height:50px;border:1px solid #000000;}
            .d1{cursor:default;}
            .d2{cursor:pointer;}
            .d3{cursor:move;}
            .d4{cursor:help;}
            .d5{cursor:crosshair;}
            .d6{cursor:wait;}
            .d7{cursor:text;}
            .d8{cursor:not-allowed;}
            .d9{cursor:auto;}

        </style>
    </head>
    <body>
        <div class="d1">箭头形状</div>
        <div class="d2">手形</div>
        <div class="d3">四个方向箭头形状</div>
        <div class="d4">问号形状</div>
        <div class="d5">十字线形状</div>
        <div class="d6">沙漏或转圈形状</div>
        <div class="d7">I 形状</div>
        <div class="d8">禁用符号</div>
        <div class="d9">浏览器默认形状</div>
    </body>
</html>
```

运行结果如图 2-27 所示。

2. 尺寸

CSS 的尺寸属性包括 width 属性、max-width 属性、min-width 属性、height 属性、line-height 属性、max-height 和 min-height 属性等。

（1）CSS 长度单位

CSS 的长度单位分为两种：绝对长度和相对长度。

①绝对长度。

绝对长度单位表示一个真实的物理尺寸，它的大小是固定的，不会因为其他元素尺寸的变化而变化。

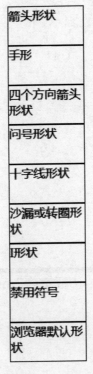

箭头形状
手形
四个方向箭头形状
问号形状
十字线形状
沙漏或转圈形状
I形状
禁用符号
浏览器默认形状

图 2-27　cursor 属性

绝对长度单位主要有以下几种:

• px:像素。像素是相对于屏幕分辨率的,是最基本的度量单位,也是图像中不可分割的最小单位。

• in:英寸。1 in=2.54 cm=96 px。

• cm:厘米。1 cm=37.8 px。

• mm:毫米。1 mm=0.1 cm=3.78 px。

• pt:点。1 pt=1/72 in=96/72 px。

• pc:派卡。1 pc=12 pt。

【例】demo2_18.html

```
<! DOCTYPE html>
<html>
    <head>
        <meta charset="UTF-8">
        <title>绝对长度</title>
        <style type="text/css">
            .box{width:5in;height:4cm;border:2 mm solid black;font-size:20px;}
            .pt{font-size:10pt;}
```

```
            .pc{font-size:2pc;}
        </style>
    </head>
    <body>
        <div class="box">
            宽度5in,高度4cm,边框宽度2mm,文字尺寸20px
            <p class="pt">文字尺寸5pt</p>
            <p class="pc">文字尺寸2pc</p>
        </div>
    </body>
</html>
```

运行结果如图2-28所示。

图2-28　绝对长度

②相对长度。

相对长度单位没有固定值,它的值受其他元素属性(例如浏览器窗口的大小、父级元素的大小)的影响,在响应式布局方面非常适用。

相对长度单位主要有以下几种:

- em:相对于当前对象内文本的字体尺寸。如果当前对象内文本的字体尺寸未设置,则相对于浏览器的默认字体尺寸。
- rem:相对于根元素的字体尺寸。
- ex:相对于字符"x"的高度,此高度通常为字体尺寸的一半。
- ch:相对于字符"0"的宽度。
- vh:相对于可视区的高度,1 vh等于可视区高度的1%。
- vw:相对于可视区的宽度,1 vw等于可视区宽度的1%。
- vmin:其值是当前vw和vh中较小的值。
- vmax:其值是当前vw和vh中较大的值。
- %:百分比。基于具有相同属性的父元素的长度值。
- fr:gird布局中使用的长度单位。

【例】demo2_19. html

```
<! DOCTYPE html>
<html>
    <head>
        <meta charset = "UTF-8">
        <title>相对长度</title>
        <style type = "text/css">
            .box{
                width:60vw;
                height:88vh;
                border:1ex solid black;
                font-size:20px;
            }
            .em{font-size:2em;}
            .rem{font-size:1rem;}
            .ex span{font-size:3ex;}
            .ch span{font-size:4ch;}
            .bfb{font-size:120% ;}
        </style>
    </head>
    <body>
        <div class = "box">
            宽度 60vw,高度 88vh,边框宽度 1ex,文字尺寸 20px
            <p class = "em">文字尺寸 2em</p>
            <p class = "rem">文字尺寸 1rem</p>
            <p class = "ex">
                x:<span>文字尺寸 3ex</span>
            </p>
            <p class = "ch">
                0:<span>文字尺寸 4ch</span>
            </p>
            <p class = "bfb">文字尺寸 120% </p>
        </div>
    </body>
</html>
```

运行结果如图 2-29 所示。

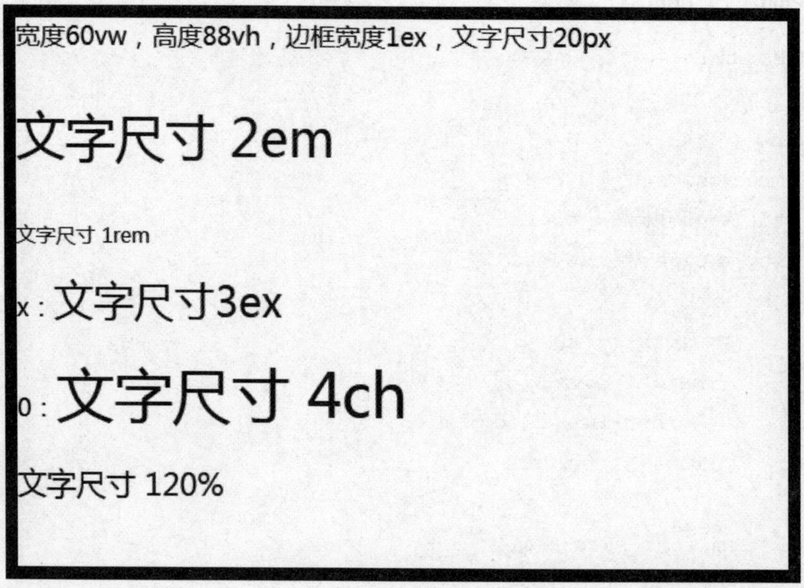

图 2-29　相对长度

（2）CSS 尺寸属性

CSS 尺寸属性见表 2-8。

表 2-8　尺寸属性

属性	描述
width	设置元素的宽度
max-width	设置元素的最大宽度
min-width	设置元素的最小宽度
height	设置元素的高度
line-height	设置行高，即行间的距离
max-height	设置元素的最大高度
min-height	设置元素的最小高度

注意：对元素宽度和高度的设置，均不包括填充、边框或边距。

line-height 属性的属性值有：

- number：数字。行高为当前文字尺寸乘以数字。
- %：百分比。行高为当前文字尺寸乘以百分比。
- length：固定值。行高为固定值。

【例】 demo2_20. html

```
<! DOCTYPE html>
<html>
    <head>
        <meta charset="UTF-8">
        <title>尺寸属性</title>
        <style type="text/css">
            div{width:80%;min-width:500px;max-width:800px;height:300px;back-
ground-color:lightgray;}
            .line1{line-height:3;}
            .line2{line-height:90%;}
            .line3{line-height:24px;}
        </style>
    </head>
    <body>
        <div>
            <p class="line1">中华民族精神指的是以爱国主义为核心,团结统一、爱好和平、勤
劳勇敢、自强不息、服务人民、科学与学习、诚信、法治、艰苦奋斗的民族精神。</p>
            <p class="line2">中华民族精神指的是以爱国主义为核心,团结统一、爱好和平、勤
劳勇敢、自强不息、服务人民、科学与学习、诚信、法治、艰苦奋斗的民族精神。</p>
            <p class="line3">中华民族精神指的是以爱国主义为核心,团结统一、爱好和平、勤
劳勇敢、自强不息、服务人民、科学与学习、诚信、法治、艰苦奋斗的民族精神。</p>
        </div>
    </body>
</html>
```

运行结果如图 2-30 所示。

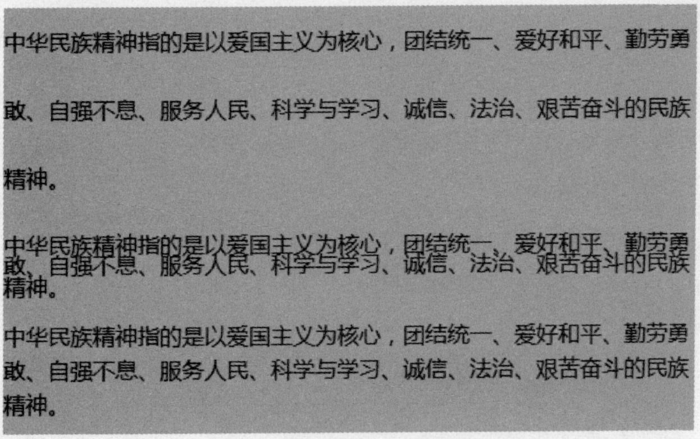

图 2-30　尺寸属性

CSS 的字体和文本属性用于控制元素的字体样式和文本外观，能够设置元素字体、字号、加粗等样式，以及文本的颜色、对齐方式、下划线、首行缩进、阴影等外观。

在本项目中，将使用字体和文本属性实现页面的样式控制。

任务思路及步骤如图 2-31 所示。

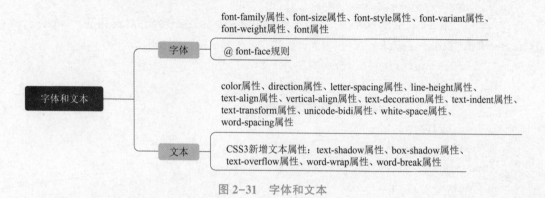

图 2-31　字体和文本

1. 字体

（1）字体属性

CSS 的字体属性包括 font-family 属性、font-size 属性、font-style 属性、font-variant 属性、font-weight 属性和 font 属性等。

CSS 字体属性见表 2-9。

表 2-9　字体属性

属性	描述
font-family	设置元素的字体系列。值为"宋体""黑体"等。可同时定义多个字体，如果浏览器不支持第一个字体，则会尝试下一个
font-size	设置元素的字体大小。单位可以是 px、em、rem、cm、mm、pt、pc 等
font-style	设置元素的字体样式。值为 normal（默认值，标准）、italic（斜体）、oblique（倾斜）
font-variant	设置元素为小型大写字母或正常显示字体。值为 normal（默认值，标准）、small-caps（小型大写字母）
font-weight	设置元素的字体粗细。值为 normal（默认值，标准）、bold（粗体）、bolder（更粗的粗体）、lighter（细体）及 100、200、…、900（由细到粗，400 等同于 normal，700 等同于 bold）
font	在一个声明中设置所有的字体属性

【例】demo2_21. html

```
<! DOCTYPE html>
<html>
    <head>
        <meta charset = "UTF-8">
        <title>字体属性</title>
        <style type = "text/css">
            .p1{font-family:"微软雅黑","宋体",arial;font-size:16px;font-style:
italic;font-variant:small-caps;font-weight:bold;}
            .p2{font-family:"宋体","微软雅黑",arial;font-size:20px;font-style:
oblique;font-variant:normal;font-weight:lighter;}
            .p3{font-family:"黑体";font-size:24px;font-style:normal;font-
weight:normal;}
            .p4{font:italic 900 28px/40px "隶书";}
        </style>
    </head>
    <body>
        <p class="p1">微软雅黑,字号16px,italic,小型大写字母,粗体</p>
        <p class="p2">宋体,字号20px,oblique,细体</p>
        <p class="p3">黑体,字号24px,标准粗细</p>
        <p class="p4">斜体,粗细900,字号28px,行高40px,隶书</p>
    </body>
</html>
```

运行结果如图 2-32 所示。

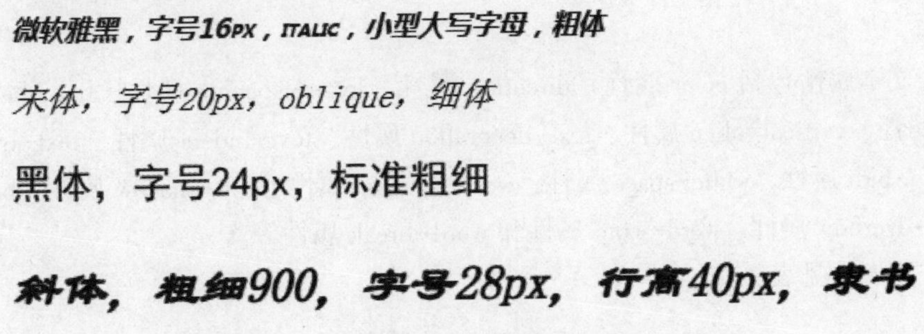

微软雅黑，字号16px，ITALIC，小型大写字母，粗体

宋体，字号20px，oblique，细体

黑体，字号24px，标准粗细

斜体，粗细900，字号28px，行高40px，隶书

图 2-32　字体属性

（2）@font-face 规则

@font-face 是一个 CSS 规则，允许在网页中嵌入自定义的 Web 字体，即使特定的字体在访问者的计算机上没有安装。这条规则能够让开发人员使用任何想要的字体。

@font-face 规则的用法是首先引入字体文件，然后为新字体定义名称，最后将新字体名称应用到元素中。

【例】 demo2_22. html

```
<! DOCTYPE html>
<html>
    <head>
        <meta charset = "UTF-8">
        <title>@font-face 规则</title>
        <style type = "text/css">
            @font-face {
                font-family:myFont;
                src:url(ttf/SourceCodePro-Bold.ttf);
            }
            p{font-family:myFont;font-size:24px;}
        </style>
    </head>
    <body>
        <p>@font-face 规则</p>
    </body>
</html>
```

运行结果如图 2-33 所示。

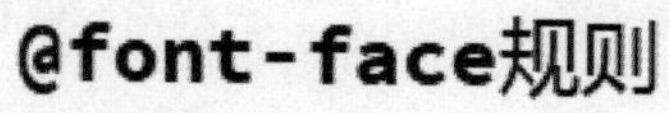

@font-face规则

图 2-33　@font-face 规则

SourceCodePro-Bold. ttf 为字体文件，保存在网站根目录的 ttf 文件夹中。

2. 文本

CSS 的文本属性包括 color 属性、direction 属性、letter-spacing 属性、line-height 属性、text-align 属性、vertical-align 属性、text-decoration 属性、text-indent 属性、text-transform 属性、unicode-bidi 属性、white-space 属性、word-spacing 属性、text-shadow 属性、box-shadow 属性、text-overflow 属性、word-wrap 属性和 word-break 属性等。

CSS 文本属性见表 2-10。

表 2-10　文本属性

属性	描述
color	设置文本颜色，即前景色
direction	设置文本方向。值为 ltr（默认值，从左到右）、rtl（从右到左）

续表

属性	描述
letter-spacing	设置英文字母或汉字的字符间距。值为 normal（默认值，字符间没有额外空间）、length（指定值，允许使用负值）
line-height	设置行高
text-align	设置文本的水平对齐方式。值为 left（左对齐）、right（右对齐）、center（居中）、justify（两端对齐）
vertical-align	设置文本的垂直对齐方式。值为 top（上对齐）、bottom（下对齐）、middle（居中）、baseline（基线对齐）
text-decoration	设置文本的修饰。值为 none（无修饰）、underline（下划线）、overline（上划线）、line-through（删除线）
text-indent	设置首行缩进。值为 length（指定值，默认为 0）、%（基于父元素宽度的百分比）
text-transform	控制文本的大小写。值为 none（默认值，标准文本）、capitalize（每个单词以大写字母开头）、uppercase（全部为大写字母）、lowercase（全部为小写字母）
unicode-bidi	设置或返回文本是否被重写
white-space	设置元素中空白的处理方式。值为 normal（默认值，空白被忽略）、pre（空白被保留）、nowrap（文本不换行）、pre-wrap（保留空白符序列，正常换行）、pre-line（合并空白符序列，保留换行符）
word-spacing	设置英文单词的词间距。值为 normal（默认值，标准间距）、length（指定值）
text-shadow	设置文本阴影。值为 h-shadow（必需，水平阴影的位置，允许负值）、v-shadow（必需，垂直阴影的位置，允许负值）、blur（可选，模糊的距离）、color（可选，阴影的颜色）
box-shadow	设置盒子阴影。值为 h-shadow（必需，水平阴影的位置，允许负值）、v-shadow（必需，垂直阴影的位置，允许负值）、blur（可选，模糊的距离）、spread（可选，阴影的大小）、color（可选，阴影的颜色）、inset（可选，从外层的阴影改变内侧阴影）
text-overflow	设置当文本溢出包含它的元素时如何显示。值为 clip（剪切文本）、ellipsis（显示省略号来代表被修剪的文本）、string（使用给定的字符串来代表被修剪的文本）、initial（属性默认值）

属性	描述
word-wrap	允许对长的内容自动换行。值为 normal（只在允许的断字点换行）、break-word（在长单词或 URL 地址内部进行换行）
word-break	设置非中、日、韩文本的换行规则。值为 normal（使用浏览器默认的换行规则）、break-all（允许在单词内换行）、keep-all（只能在半角空格或连字符处换行）

【例】demo2_23.html

```
<! DOCTYPE html>
<html>
    <head>
        <meta charset = "UTF-8">
        <title>文本属性</title>
        <style type = "text/css">
            div{width:800px;height:400px;border:1px solid #ffffff;box-shadow:
0 0 6px;}
            .p1{color:red;direction:rtl;letter-spacing:15px;text-decoration:
underline;}
            .p2{height:60px;line-height:60px;text-align:center;background-col-
or:lightgray;}
            .p3{width:200px;text-transform:uppercase;text-indent:2em;word-
spacing:30px;background-color:lightgray;}
            .p4{width:450px;height:30px;line-height:30px;white-space:nowrap;o-
verflow:hidden;text-overflow:ellipsis;}
            .p5{font-size:24px;text-shadow:3px 3px 2px red;}
        </style>
    </head>
    <body>
        <div>
            <p class = "p1">文本红色,从右向左,字符间距15px,下划线</p>
            <p class = "p2">高度60px,行高60px,水平居中,背景色为浅灰色</p>
            <p class = "p3">Hello Word! 全部字母大写,首行缩进2字符,单词间距30px</p>
            <p class = "p4">文本不换行,超出部分隐藏,文本溢出时显示省略号。文本溢出时显
示省略号。</p>
            <p class = "p5">文本阴影</p>
        </div>
    </body>
</html>
```

运行结果如图2-34所示。

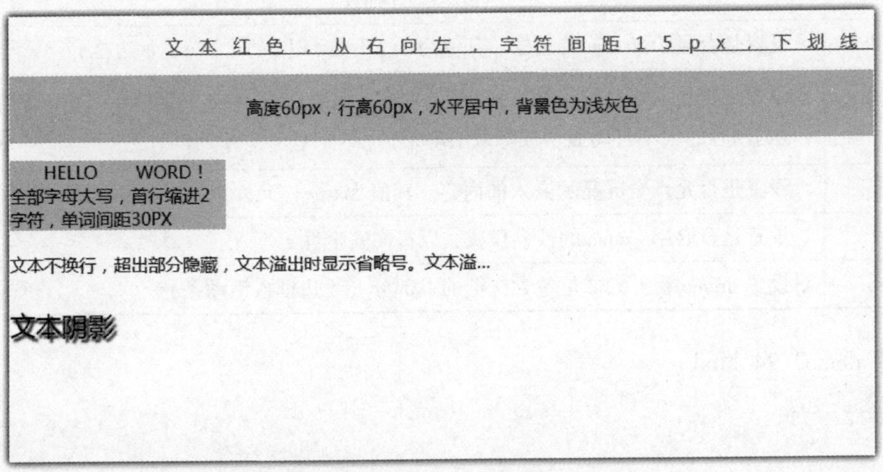

图2-34 文本属性

文本红色，从右向左，字符间距15px，下划线

知识模块4 框架应用

iframe 是内联框架，也叫作浮动框架。在 HTML 网页中，使用<iframe>元素可以将一个网页嵌套在另一个网页中，实现网页间的互联互通。

在本项目中，将使用内联框架实现网页布局。

知识结构如图2-35所示。

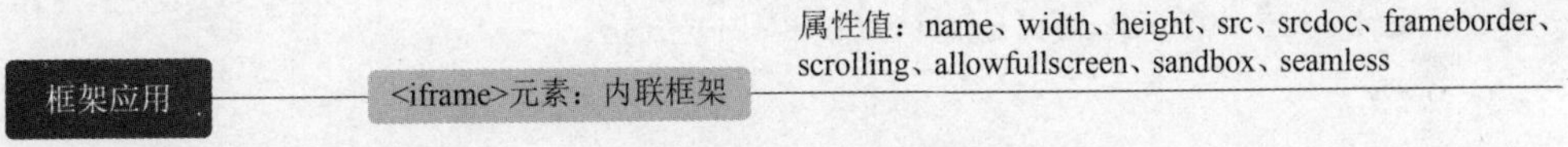

框架应用 — <iframe>元素：内联框架 — 属性值：name、width、height、src、srcdoc、frameborder、scrolling、allowfullscreen、sandbox、seamless

图2-35 框架应用

<iframe>元素的基本语法如下：

```
<iframe src="URL"></iframe>
```

<iframe>元素的常用属性见表2-11。

表2-11 <iframe>元素属性

属性	描述
name	设置 iframe 的名称
width	设置 iframe 的宽度
height	设置 iframe 的高度
src	设置 iframe 中嵌入的网页或文档的 URL
srcdoc	设置 iframe 中嵌入 HTML 代码而不是外部文档

属性	描述
frameborder	设置是否显示 iframe 的边框。其值为 0（不显示边框）、1（显示边框）
scrolling	设置是否显示滚动条。其值为 yes（始终显示滚动条）、no（始终不显示滚动条）、auto（根据内容的大小自动显示或隐藏滚动条）
allowfullscreen	设置是否允许全屏显示嵌入的内容。其值为 true（允许全屏）、false（不允许全屏）
sandbox	设置是否启用 iframe 的沙盒模式，以提高安全性
seamless	设置 iframe 看上去像是包含文档的一部分（无边框或滚动条）

【例】demo2_24. html

```
<! DOCTYPE html>
<html>
    <head>
        <meta charset = "UTF-8">
        <title>框架应用</title>
    </head>
    <body>
        <a href = "https://www.xuexi.cn/"target = "iframe1">学习强国</a><br/>
        <a href = "demo2_23.html"target = "iframe1">demo2_23.html</a><br/>
        <a href = "http://www.news.cn/"target = "iframe1">新华网</a><br/><br/>
        <iframe name = "iframe1"src = "https://www.xuexi.cn/"width = "900px"height =
"500px"frameborder = "0"scrolling = "auto"></iframe>
    </body>
</html>
```

运行结果如图 2-36 所示。

图 2-36　框架应用

2.4 项目实施

"中华民族精神"网站结构如图2-37所示。

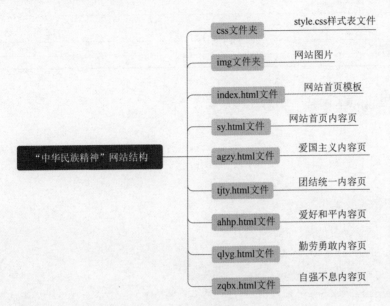

图2-37 "中华民族精神"网站结构

"网站首页模板"的页面结构见表2-12。网站首页模板的效果如图2-1所示。

表2-12 "网站首页模板"页面结构

index. html	
<html>	
<head></head>	
<body>	
<header></header>banner 图片	
<nav></nav>导航条	
<article>主体内容	
<div class="con1">图文混排	
<span class="span_left"></span>左侧图片	<span class="span_right"></span>右侧文本
</div>	
<div class="con2"></div>内联框架	
<div class="con3"></div>图片列表	

续表

index. html
</article>
<footer></footer>版权信息
</body>
</html>

工作任务 1 "banner 图片" 内容实现

1. head 区

head 区定义了字符编码、关键词、描述、网页标题、链入外部样式表。HTML 代码如下：

```
<head>
    <! --  定义字符编码   -->
    <meta charset="UTF-8">
    <! --  定义关键词   -->
    <meta name="keywords"content="中华民族精神">
    <! --  定义描述   -->
    <meta name="description"content="中华民族精神指的是以爱国主义为核心,团结统一、
爱好和平、勤劳勇敢、自强不息、服务人民、科学与学习、诚信、法治、艰苦奋斗的民族精神。">
    <! --  设置网页标题   -->
    <title>中华民族精神</title>
    <! --  引入外部样式表文件   -->
    <link href="css/style.css"type="text/css"rel="stylesheet"/>
</head>
```

2. banner 图片

banner 图片如图 2-38 所示。

图 2-38　banner 图片

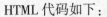

HTML 代码如下：

```
<header>
    <img src="img/mzjs1.jpg"width="1080px"height="305px"/>
</header>
```

设置 CSS 公共样式为网页所有元素外边距为 0；去掉超链接下划线修饰；设置网页字体样式。CSS 代码如下：

```
/*公共样式*/
*{margin:0;/*所有元素外边距为 0*/}
a{text-decoration:none;/*去掉超链接下划线修饰*/}
body{font-family:"微软雅黑";/*字体*/}
```

设置 "banner 图片" header 元素的宽度、高度和水平居中等样式。CSS 代码如下：

```
header{width:1080px;/*宽度*/height:305px;/*高度*/margin:0 auto;/*水平居中
*/}
```

"导航链接"内容实现

导航链接由无序列表组成，如图 2-39 所示。

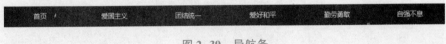

图 2-39 导航条

HTML 代码如下：

```
<nav>
    <a href="sy.html"target="iframe1">首页</a>
    <a href="agzy.html"target="iframe1">爱国主义</a>
    <a href="tjty.html"target="iframe1">团结统一</a>
    <a href="ahhp.html"target="iframe1">爱好和平</a>
    <a href="qlyg.html"target="iframe1">勤劳勇敢</a>
    <a href="zqbx.html"target="iframe1">自强不息</a>
</nav>
```

设置 "导航条" nav 元素的宽度、高度、水平居中和背景色等样式。CSS 代码如下：

```
nav{
    width:1080px;height:50px;margin:0 auto;/*水平居中*/
    background-color:#7E0001;  /*背景色*/
}
```

设置 a 元素的 "target" 属性为 "iframe1" 框架，即在内联框架中打开超链接页面。设置 a 元素为行内块元素，并设置宽度、高度、行高、文本水平对齐方式、字号、文本颜色和鼠标悬停等样式。CSS 代码如下：

```
nav a{
    display:inline-block;/*行内块元素*/
    width:176px;height:50px;
    line-height:50px;/*行高*/
    text-align:center;/*文本水平居中*/
    font-size:16px;/*字号*/
    color:#ffffff;/*文本颜色*/
}
nav a:hover{/*鼠标悬停*/background-color:#d0191b;}
```

工作任务 3 "主体部分"内容实现

1. 图文混排

图文混排由左侧图片和右侧文本组成，如图 2-40 所示。

图 2-40 图文混排

HTML 代码如下：

```
<! -- 主体内容 -->
<article>
    <! -- 图文混排 -->
    <div class="con1">
        <! -- 左侧图片 -->
        <span class="span_left">
            <br/><img src="img/t4.png"alt=""width="320px"/><br/>
        </span>
        <! -- 右侧文本 -->
        <span class="span_right">
            <br/><h2>中华民族精神</h2><br/>
            <p>中华民族精神指的是以爱国主义为核心,团结统一、爱好和平、勤劳勇敢、自强不息、
服务人民、科学与学习、诚信、法治、艰苦奋斗的民族精神。</p>
```

<p>中华民族精神是各族人民共同培育、继承、发展起来的,已深深融进了各族人民的血液和灵魂,成为推动中国发展进步的强大精神动力。</p>

  </span>

</div>

设置"主体内容" article 元素的宽度、水平居中和背景色等样式。CSS 代码如下:

```
article{width:1080px;margin:0 auto;/*水平居中*/background-color:#faf6f3;}
```

设置"图文混排" div 元素(con1 类)的宽度和高度等样式。CSS 代码如下:

```
article.con1{width:100%;height:200px;}
```

设置"左侧图片" span 元素(span_left 类)为行内块元素,并设置宽度、文本水平对齐方式和文本垂直对齐方式等样式。CSS 代码如下:

```
article.con1.span_left {
    display: inline-block; width: 400px; text-align: center; vertical-align:
top; /*内容垂直靠上*/
}
```

设置"右侧文本" span 元素(span_right 类)为行内块元素,并设置宽度和文本垂直对齐方式等样式;设置 h2 元素的文本水平对齐方式和文本颜色等样式;设置 p 元素的行高、首行缩进和字号等样式。CSS 代码如下:

```
article.con1.span_right {display: inline-block; width: 620px; vertical-align:
top;}
article.con1 h2 {text-align: center; color: #7e0001;}
article.con1 p {line-height: 30px; text-indent: 2em; /*首行缩进2个字符*/font-
size: 14px;}
```

2. 内联框架和网站首页内容页的实现

(1) 内联框架

内联框架如图 2-41 所示。

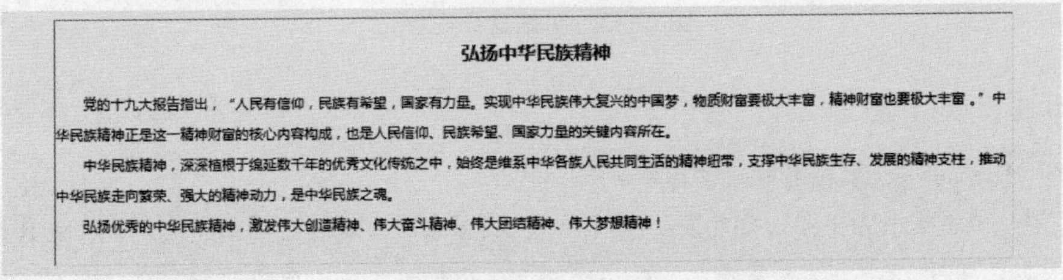

图 2-41 内联框架

HTML 代码如下:

```
<div class="con2">
    <br/><iframe name="iframe1"src="sy.html"></iframe><br/><br/>
</div>
```

设置"内联框架"div 元素（con2 类）的水平对齐方式样式；设置 iframe 元素 src 属性为 sy.html，即在内联框架中显示网站首页内容页；设置 iframe 元素的宽度和最小高度等样式。CSS 代码如下:

```
article.con2{text-align:center;}
article.con2 iframe{width:90%;min-height:240px;/*最小高度*/}
```

（2）网站首页内容页的实现

"网站首页内容页"作为内联框架内部显示的页面，页面结构见表 2-13。

表 2-13 "网站首页内容页"页面结构

sy.html
<html>
<head></head>
<body>
<h3></h3>标题
<p></p>内容
</body>
</html>

网站首页内容页如图 2-42 所示。

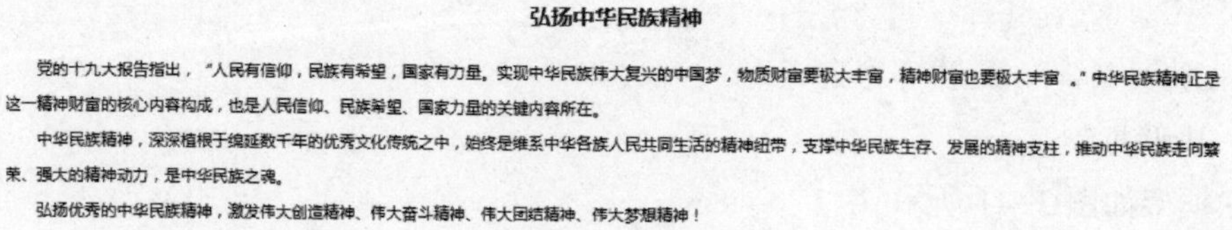

弘扬中华民族精神

党的十九大报告指出，"人民有信仰，民族有希望，国家有力量。实现中华民族伟大复兴的中国梦，物质财富要极大丰富，精神财富也要极大丰富。"中华民族精神正是这一精神财富的核心内容构成，也是人民信仰、民族希望、国家力量的关键内容所在。

中华民族精神，深深植根于绵延数千年的优秀文化传统之中，始终是维系中华各族人民共同生活的精神纽带，支撑中华民族生存、发展的精神支柱，推动中华民族走向繁荣、强大的精神动力，是中华民族之魂。

弘扬优秀的中华民族精神，激发伟大创造精神、伟大奋斗精神、伟大团结精神、伟大梦想精神！

图 2-42 网站首页内容页

HTML 代码如下:

```
<br/><h3>弘扬中华民族精神</h3><br/>
<p>党的十九大报告指出,"人民有信仰,民族有希望,国家有力量。实现中华民族伟大复兴的中国梦,物质财富要极大丰富,精神财富也要极大丰富。"中华民族精神正是这一精神财富的核心内容构成,也是人民信仰、民族希望、国家力量的关键内容所在。</p>
```

```
<p>中华民族精神,深深植根于绵延数千年的优秀文化传统之中,始终是维系中华各族人民共同生活的
精神纽带,支撑中华民族生存、发展的精神支柱,推动中华民族走向繁荣、强大的精神动力,是中华民族之魂。
</p>
    <p>弘扬优秀的中华民族精神,激发伟大创造精神、伟大奋斗精神、伟大团结精神、伟大梦想精神!
</p>
    <br/>
```

设置 h3 元素的文本水平对齐方式、文本颜色和文本粗细等样式；设置 p 元素的行高、首行缩进和字号等样式。CSS 代码如下：

```
h3{text-align:center;color:#7e0001;font-weight:600;/*文本粗细*/}
p{line-height:30px;text-indent:2em;font-size:14px;}
```

爱国主义内容页、团结统一内容页、爱好和平内容页、勤劳勇敢内容页和自强不息内容页的实现与网站首页内容页的类似，如图 2-2~图 2-6 所示。

3. 图片列表

图片列表由 span 标记和图片组成，如图 2-43 所示。

图 2-43　图片列表

HTML 代码如下：

```
<div class="con3">
    <span class="px40"></span>
    <img src="img/t1.jpg"width="300px"height="200px">
    <span class="px40"></span>
    <img src="img/t2.jpg"width="300px"height="200px">
    <span class="px40"></span>
    <img src="img/t3.jpg"width="300px"height="200px">
    <br/><br/>
    </div>
</article>
```

设置"图片列表"部分的 span 元素（px40 类）为行内块元素和宽度等样式。CSS 代码如下：

```
article.con3.px40{display:inline-block;width:40px;}
```

工作任务 4 "版权信息" 内容实现

版权信息由文本组成，如图 2-44 所示。

图 2-44　版权信息

HTML 代码如下：

```
<footer>
    Copyright 2023 &copy;中华民族精神 All rights reserved.
</footer>
```

设置"版权信息"footer 元素的宽度、高度、行高、水平居中、文本水平对齐方式、文本颜色、背景色和字号等样式。CSS 代码如下：

```
footer{
    width:1080px;height:60px;line-height:60px;margin:0 auto;/*水平居中*/
    text-align:center;color:#ffffff;background-color:#7E0001;font-size:14px;
}
```

2.5　思考练习

一、单选题

1. 在 HTML 标记中，通过（　　）属性可以指定元素的内联样式。

A. class　　　　　　B. id　　　　　　C. style　　　　　　D. title

2. 将 div 类名中以"c"开头的元素添加文字为红色，书写正确的是（　　）。

A. div[class=ˆc]{color:red}　　　　　　B. div[class=$c]{color:red}

C. div[class=c]{color:red}　　　　　　D. div[class=*c]{color:red}

3. 关于引入样式的优先级说法，正确的是（　　）。

A. 内联样式>!important>内部样式>外部样式

B. !important>内联样式>内部样式>外部样式

C. !important>内部样式>内联样式>外部样式

D. 以上都不正确

4. 以下 CSS 单位是绝对单位的是（　　）。

A. px　　　　　　B. em　　　　　　C. rem　　　　　　D. 百分比

5. 下列（　　）不属于 CSS 文本属性。

A. font-size　　　　　　　　B. text-transform

C. text-align　　　　　　　　D. line-through

6. 给某段文字设置下划线，应该设置（　　）属性。

A. text-transform   B. text-align

C. text-indent   D. text-decoration

7. 每段文字都需要首行缩进两个字的距离，应该设置（　　）属性。

A. text-transform   B. text-align

C. text-indent   D. text-decoration

8. 设置容器阴影的属性是（　　）。

A. box-sizing   B. box-shadow

C. border-radius   D. border

9. 将 CSS 中的 text-overflow 属性值设为（　　）时，超出的内容会以省略号代替。

A. nowrap   B. none   C. scroll   D. ellipsis

10. 以下 CSS 文本属性的说法，错误的是（　　）。

A. font-weight 用于设置字体的粗细

B. font-family 用于设置文本的字体类型

C. text-align 用于设置文本的字体形状

D. color 用于设置文本的颜色

二、多选题

1. div span{margin-left:10px;}通过（　　）语句可以将第一个 span 元素的 margin 属性设置为 0。

A. div span:first-child{margin:0} B. div span:nth-child(0){margin:0;}

C. div span:nth-child(1){margin:0} D. div span{margin:0}

2. 关于 CSS 样式中的选择符，说法正确的是（　　）。

A. div>p 是选择 div 元素的子元素 p 标签

B. div p 是选择 div 元素的所有后代元素

C. div+ul 是选择 div 的所有兄弟元素 ul

D. div~ul 是选择 div 元素后面的所有兄弟元素 ul

3. 下列属于块级元素的是（　　）。

A. span   B. p   C. div   D. a

4. 想要给 a 标记设置 width 和 height 属性，需要给 a 标记添加（　　）样式。

A. display：inline；   B. overflow：hidden；

C. display：block；   D. display：inline-block；

5. 下列关于隐藏元素的说法，正确的是（　　）。

A. display:none；不为被隐藏的对象保留其物理空间

B. visibility:hidden；所占据的空间位置仍然存在，仅为视觉上的完全透明

C. visibility:visible；用于设置元素可见

D. visibility:hidden；与 display:none；两者没有区别

6. CSS 中，text-decoration 的值有（　　）。

A. none   B. underline

C. overline   D. line-through

三、判断题

1. CSS 选择器的优先级是!important>标记选择器>id>class。（　　）

2. span 占用的位置是一行，一行可显示多个 div。（　　）

3. margin-top 与 padding-top 对行内元素都起作用。（　　）

4. input［type="text"］:focus｛box-shadow:2px 2px 2px blue;｝可以实现当文本框获得焦点时添加盒阴影效果。（　　）

5. CSS 中设置阻止换行的属性是 white-space:nowrap。（　　）

6. CSS 的 cursor 属性用于设置鼠标指针的形状。（　　）

2.6　任务拓展

1. 实现"女排精神"项目的"网站首页"模板页面。页面结构见表 2-14。

表 2-14　网站首页模板页面结构

index. html
<html>
<head></head>
<body>
<header></header>banner 图片
<nav></nav>导航条
<article>主体内容
<div class="frame"></div>内联框架
<div class="pic"></div>图片列表
</article>
<footer></footer>版权信息
</body>
</html>

实现"女排精神"项目的"网站首页"内容页面。页面结构见表 2-15。

表 2-15　网站首页内容页面结构

sy. html
<html>
<head></head>

续表

sy. html		
<body>		
<div class="sy_con1">图文混排		
<span class="sy_blank"> </span>左侧空白	<span class="sy_left"> </span>左侧图片	<span class="sy_right"> </span>右侧文本
</div>		
<div class="sy_con2">文本		
<span class="sy_blank"></span>左侧空白	<p></p>右侧文本	
</div>		
</body>		
</html>		

"网站首页" 页面效果如图 2-45 所示。

图 2-45 "网站首页" 页面效果

2. 实现 "女排精神" 项目的 "勤学苦练" 页面。页面结构见表 2-16。

表 2-16 勤学苦练页面结构

qxkl. html
<html>
<head></head>
<body>
<div class="sy_con1">图文混排

<span class="sy_blank"></span>左侧空白	<span class="sy_right"></span>左侧文本	<span class="sy_left"></span>右侧图片
</div>		
<div class="sy_con2">文本		
<span class="sy_blank"></span>左侧空白		<p></p>右侧文本
</div>		
</body>		
</html>		

"勤学苦练"页面效果如图 2-46 所示。

图 2-46 "勤学苦练"页面效果

项目 3

"5G通信技术"网页设计

知识目标

1. 掌握盒子模型的应用。
2. 掌握CSS边框和轮廓属性设置方法。
3. 掌握CSS边距和填充属性设置的方法。
4. 掌握CSS定位和浮动属性设置的方法。
5. 掌握创建列表和设置列表样式的方法。

技能目标

1. 具备在网页中创建盒子模型的能力。
2. 具备应用CSS边框和轮廓属性美化网页的能力。
3. 具备应用CSS边距和填充属性进行网页布局的能力。
4. 具备应用CSS定位和浮动属性进行网页布局的能力。
5. 具备在网页中创建列表并设置列表样式的能力。

素质目标

1. 培养"科技自信、民族自信"的科学精神。
2. 培养"爱岗敬业、甘于奉献"的劳模精神。
3. 培养"精益求精、敢于创新"的工匠精神。
4. 培养"诚实劳动、攻坚克难"的劳动品质。

3.1 项目介绍

某工作室承接了一个项目——"5G通信技术"网页设计，主题为弘扬科技自信、民族自信、爱岗敬业、甘于奉献的科学精神和诚实劳动、攻坚克难的劳动品质。要求完成网站首页的设计和制作。网页设计师小王设计了网页效果图，如图3-1所示。Web前端开发工程师小李将运用HTML和CSS技术完成网页的制作。

图 3-1 网站首页

3.2 项目分析

"5G 通信技术"网页设计项目由"导航链接"内容实现、"图片列表"内容实现、"方框部分"内容实现和"版权信息"内容实现 4 个工作任务组成。

网站首页通过 DIV+CSS 进行网页布局;通过边框修饰文档内容;通过边距和填充调整元素距离;通过浮动实现导航条和页面布局;通过无序列表实现导航条、图片列表和新闻列表,如图 3-2 所示。

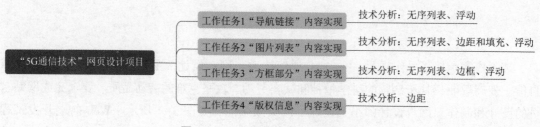

图 3-2 "5G 通信技术"项目分析

3.3 知识准备

"5G 通信技术"网页设计项目由边框和轮廓、边距和填充、定位和浮动、列表应用 4 个知识模块组成。

知识模块 1 边框和轮廓

边框和轮廓用来指定元素边界和外围的样式。

在本项目中,将使用边框修饰 div 元素。

知识结构如图 3-3 所示。

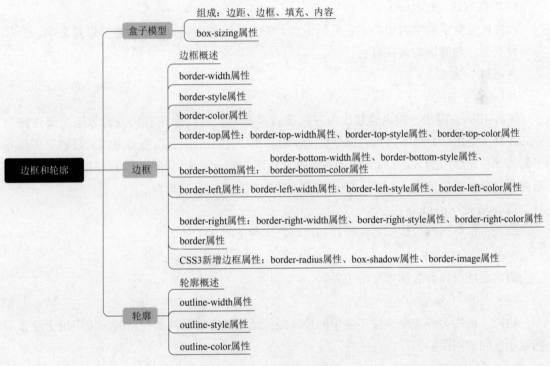

图 3-3 边框和轮廓

1. 盒子模型

CSS 将所有的 HTML 元素都看作矩形框,即盒子。CSS 围绕这些盒子产生了一种"盒子模型"概念,通过定义一系列与盒子相关的属性,可以极大地丰富和促进各个盒子乃至整个 HTML 文档的表现效果和布局结构。

盒子模型包括边距(margin)、边框(border)、填充(padding)和内容(content)4 个部分,如图 3-4 所示。

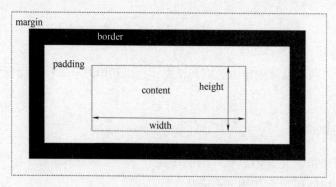

图 3-4　盒子模型

（1）内容区（content）

内容区是盒子模型的中心，它呈现了盒子的主要信息内容，这些内容可以是文本、图片等多种类型。内容区的属性有：

- width：宽度。
- height：高度。
- overflow：溢出。当内容超出内容区所占范围时，可以采用溢出处理方法。属性值为 hidden 时，溢出部分将不可见；属性值为 visible 时，溢出的内容信息可见，只是被呈现在盒子的外部；属性值为 scroll 时，滚动条将被自动添加到盒子中，用户可以通过拉动滚动条显示内容信息；属性值为 auto 时，将由浏览器决定如何处理溢出部分。

（2）填充（padding）

填充，也称为内边距，是内容区和边框之间的空间。

（3）边框（border）

边框是环绕内容区和填充的边界。

（4）边距（margin）

边距，也称为外边距，位于盒子的最外围，是添加在边框外围的空间。边距用于设置不同盒子之间的间距。

2. 边框

边框的属性见表 3-1。

表 3-1　边框的属性

属性	描述
border-width	设置边框的宽度，可以指定长度值（单位为 px、pt、cm、em 等）或者使用关键字（thick、medium、thin）
border-style	设置边框的样式，属性值为 none（无边框，默认）、dotted（点线）、dashed（虚线）、solid（实线）、double（双线）、groove（3D 凹槽）、ridge（3D 凸槽）、inset（3D 凹边）、outset（3D 凸边）等。如果没有指定边框样式，其他的边框属性都会被忽略，边框将不存在

续表

属性	描述
border-color	设置边框的颜色,可以指定颜色名称、16 进制值或者 RGB 函数值
border-top	设置上边框的所有属性,包含 border-top-width、border-top-style、border-top-color 属性
border-bottom	设置下边框的所有属性,包含 border-bottom-width、border-bottom-style、border-bottom-color 属性
border-left	设置左边框的所有属性,包含 border-left-width、border-left-style、border-left-color 属性
border-right	设置右边框的所有属性,包含 border-right-width、border-right-style、border-right-color 属性
border	简写属性,在一个声明中设置所有的边框属性
border-radius	设置圆角边框,属性值为以 px 为单位或者以%为单位的数值。取值为 1 个数值时,表示四个角相同;取值为 2 个数值时,第 1 个数值表示左上角和右下角,第 2 个数值表示右上角和左下角;取值为 3 个数值时,第 1 个数值表示左上角,第 2 个数值表示右上角和左下角,第 3 个数值表示右下角;取值为 4 个数值时,分别表示左上角、右上角、右下角、左下角
box-shadow	设置阴影边框,属性值为 h-shadow(水平阴影位置)、v-shadow(垂直阴影位置)、blur(可选,模糊距离)、spread(可选,阴影大小)、color(可选,阴影颜色)、inset(可选,内阴影)
border-image	设置图片边框,属性值为图片路径、边框内偏移、边框宽度、边框外延伸、边框平铺

【例】demo3_01.html

```
<!DOCTYPE html>
<html>
    <head>
        <meta charset="UTF-8">
        <title>边框</title>
        <style type="text/css">
            .b1{
                width:300px;height:200px;
                border-top-width:5px;
                border-top-style:dotted;
                border-top-color:red;
                border-right:10px double yellow;
                border-bottom:8px solid blue;
```

```
            border-left-width:15px;
            border-left-style:dashed;
            border-left-color:green;
        }
        .b2{
            width:300px;height:200px;
            border:5px solid #31708F;
            border-radius:20px;
            box-shadow:5px 5px 10px 5px #ff0000;
        }
    </style>
</head>
<body>
    <div class="b1"></div><br/><br/>
    <div class="b2"></div>
</body>
</html>
```

运行结果如图 3-5 所示。

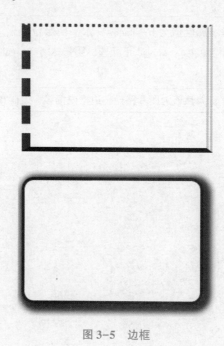

图 3-5　边框

3. 轮廓

轮廓是绘制于元素周围的一条线，位于边框边缘的外围，可起到突出元素的作用。
轮廓的属性见表 3-2。

表 3-2 轮廓的属性

属性	描述
outline-width	设置轮廓的宽度,可以指定长度值(单位为 px、pt、cm、em 等)或者使用关键字(thick、medium、thin)
outline-style	设置轮廓的样式,属性值为 none(无轮廓,默认)、dotted(点线)、dashed(虚线)、solid(实线)、double(双线)、groove(3D 凹槽)、ridge(3D 凸槽)、inset(3D 凹边)、outset(3D 凸边)等
outline-color	设置轮廓的颜色,可以指定颜色名称、16 进制值或者 RGB 函数值
outline	简写属性,在一个声明中设置所有的轮廓属性

【例】 demo3_02. html

```
<! DOCTYPE html>
<html>
    <head>
        <meta charset = "UTF-8">
        <title>轮廓</title>
        <style type = "text/css">
            .l1{width:400px;height:50px;border:1px solid #31708F;}
            .l1:hover{outline:5px double red;}
            .l2{
                width:200px;height:50px;border:0;
                outline:5px double red;
            }
        </style>
    </head>
    <body>
        <div class = "l1"></div><br/><br/>
        <div class = "l2"></div>
    </body>
</html>
```

运行结果如图 3-6 所示。

图 3-6 轮廓

知识模块 2 边距和填充

在本项目中，将使用边距和填充来调整元素与元素之间以及元素内部的间距。

知识结构如图 3-7 所示。

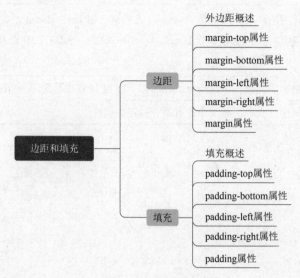

图 3-7　边距和填充

1. 边距

边距，也称为外边距，是元素周围的空间，用于在页面中向上或向下移动元素，也可以向左或向右移动元素。

边距的属性见表 3-3。

表 3-3　边距的属性

属性	描述
margin-top	设置元素的上边距
margin-bottom	设置元素的下边距
margin-left	设置元素的左边距
margin-right	设置元素的右边距
margin	简写属性。在一个声明中设置所有边距属性。取值为 1 个，表示上下左右边距；取值为 2 个，表示上下、左右边距；取值为 3 个，表示上、左右、下边距；取值为 4 个，表示上、右、下、左边距

对于两个相邻的（水平或垂直方向）且设置有边距的盒子，它们邻近部分的边距不是二者边距的相加，而是二者边距的并集。若二者邻近的边距值大小不等，则取二者中较大的值。

当边距的值为负数时，整个盒子将向指定负值方向的相反方向移动，由此可以产生盒子的重叠效果。采用指定边距正负值的方法可以移动网页中的元素，这是 CSS 布局技术中的一个重要方法。

2. 填充

填充，也称为内边距，是元素边框与其内部内容之间的空间。它决定了元素在容器中的外观和位置。边距和填充的结构如图 3-8 所示。

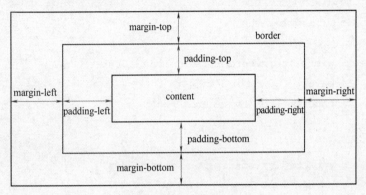

图 3-8　边距和填充的结构

填充的属性见表 3-4。

表 3-4　填充的属性

属性	描述
padding-top	设置元素的上填充
padding-bottom	设置元素的下填充
padding-left	设置元素的左填充
padding-right	设置元素的右填充
padding	简写属性。在一个声明中设置所有填充属性。取值为 1 个，表示上下左右填充；取值为 2 个，表示上下、左右填充；取值为 3 个，表示上、左右、下填充；取值为 4 个，表示上、右、下、左填充

注意：元素的 width 和 height 属性是指 content（内容区）的宽度和高度，是不包含填充、边距和边框的。即：

元素实际宽度 = width(宽度) + padding(填充) + border(边框)

元素实际高度 = height(高度) + padding(填充) + border(边框)

box-sizing 属性定义如何计算一个元素的总宽度和总高度。属性值为：

● content-box：默认值，width 属性值为 content（内容区）的宽度。

● border-box：width 属性值为 content（内容区）、padding（填充）和 border（边框）的宽度之和，但不包括 margin（边距）。

【例】 demo3_03. html

```html
<! DOCTYPE html>
<html>
    <head>
        <meta charset = "UTF-8">
        <title>边距和填充</title>
        <style type = "text/css">
            .t1{
                width:400px;border:1px solid #31708F;
                margin:10px 20px 30px 40px;/*边距:上 右 下 左*/
                padding:10px 20px 30px;/*填充:上 左右 下*/
            }
            .t2{
                width:400px;border:1px solid #31708F;
                margin:10px 60px;/*边距:上下 左右*/
                padding-top:40px;
                padding-right:30px;
                padding-bottom:20px;
                padding-left:10px;
            }
        </style>
    </head>
    <body>
        <div class = "t1">
            第五代移动通信技术是具有高速率、低时延和大连接特点的新一代宽带移动通信技术,
5G 通信设施是实现人机物互联的网络基础设施。
        </div>
        <div class = "t2">
            5G 采用全新的服务化架构,支持灵活部署和差异化业务场景。5G 采用全服务化设计,模
块化网络功能,支持按需调用,实现功能重构;采用服务化描述,易于实现能力开放,有利于引入 IT 开发实
力,发挥网络潜力。5G 支持灵活部署,实现控制和转发分离;采用通用数据中心的云化组网;支持边缘计算。
        </div>
    </body>
</html>
```

运行结果如图 3-9 所示。

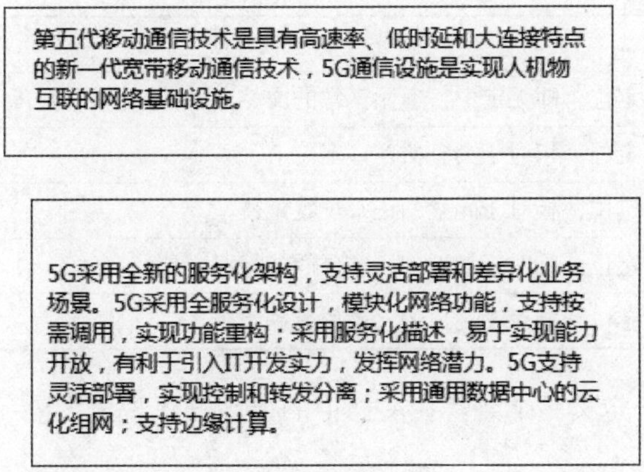

第五代移动通信技术是具有高速率、低时延和大连接特点的新一代宽带移动通信技术，5G通信设施是实现人机物互联的网络基础设施。

5G采用全新的服务化架构，支持灵活部署和差异化业务场景。5G采用全服务化设计，模块化网络功能，支持按需调用，实现功能重构；采用服务化描述，易于实现能力开放，有利于引入IT开发实力，发挥网络潜力。5G支持灵活部署，实现控制和转发分离；采用通用数据中心的云化组网；支持边缘计算。

图 3-9　边距和填充

知识模块 3 定位和浮动

定位（position）和浮动（float）是两种常用的布局技术，它们可以用来控制元素在页面中的位置和布局。

在本项目中，将使用浮动实现导航条和网页布局。

知识结构如图 3-10 所示。

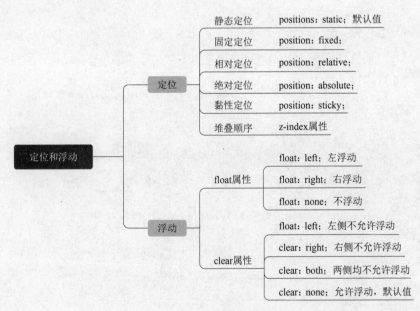

图 3-10　定位和浮动

1. 定位

定位是一种元素布局的技术，用于实现元素的精确定位和重叠效果。

定位的属性值见表 3-5。

表 3-5 定位的属性值

属性值	描述
static	静态定位，即无定位，遵循正常的文档流对象，默认值
fixed	固定定位，相对于浏览器窗口定位
relative	相对定位，相对于元素的正常位置定位
absolute	绝对定位，相对于最近的已定位的父元素定位
sticky	黏性定位，相对于用户的滚动位置来定位

z-index 属性用于定义一个元素在文档中的层叠顺序。值大的元素发生重叠时，会在值小的元素上面。

注意：z-index 只能在 position 属性值为 relative、absolute 或 fixed 的元素上有效。

注意：绝对定位要求其父元素为相对定位，否则，将向上查找相对定位的父元素，直至浏览器。

【例】demo3_04. html

```
<! DOCTYPE html>
<html>
    <head>
        <meta charset = "UTF-8">
        <title>定位</title>
        <style type = "text/css">
            *{margin:0;padding:0;}
            .content{
                width:800px;height:300px;background-color:#CCCCCC;
                position:relative;top:50px;left:50px;
            }
            .d1,.d2,.d3,.d4,.d5{width:500px;height:50px;color:#FFFFFF;}
            .d1{
                position:static;
                background-color:#31708F;
            }
            .d2{
                position:fixed;top:150px;right:50px;
                background-color:#7E0001;
                z-index:3;
            }
            .d3{
                position:relative;top:-20px;left:50px;
```

```
            background-color:#4CAF50;
            z-index:2;
        }
        .d4{
            position:absolute;top:100px;left:20px;
            background-color:aqua;
            z-index:1;
        }
        .d5{
            position:sticky;top:0px;left:0px;
            background-color:blueviolet;
        }
    </style>
</head>
<body>
    <div class="d5">position:sticky;</div>
    <div class="content">
        <div class="d1">position:static;</div><br /><br />
        <div class="d2">position:fixed;</div><br /><br />
        <div class="d3">position:relative;</div><br /><br />
        <div class="d4">position:absolute;</div><br /><br />
    </div>
    <br /><br /><br /><br /><br /><br /><br /><br /><br /><br /><br /><br />
</body>
</html>
```

运行结果如图 3-11 所示。

图 3-11 定位

2. 浮动

浮动是一种元素定位的技术，通过设置元素的 float 属性为 left 或 right，使其脱离正常的文档流，向左或向右浮动。浮动元素会尽可能地靠近容器的左侧或右侧，并允许其他元素在其周围进行布局。

浮动的属性值见表 3-6。

表 3-6　浮动的属性值

属性值	描述
left	设置左浮动
right	设置右浮动
none	不浮动

clear 属性指定元素两侧不能出现浮动元素。

clear 的属性值见表 3-7。

表 3-7　clear 的属性值

属性值	描述
left	设置左侧不允许浮动元素
right	设置右侧不允许浮动元素
both	设置左、右两侧均不允许浮动元素
none	允许浮动元素出现在两侧，默认值

【例】demo3_05. html

```
<! DOCTYPE html>
<html>
    <head>
        <meta charset="UTF-8">
        <title>浮动</title>
        <style type="text/css">
            div{width:200px;height:100px;}
            .f1{background-color:#31708F;float:left;}
            .f2{background-color:#7E0001;float:left;}
            .f3{background-color:#4CAF50;float:right;}
            .c1{background-color:aqua;clear:both;}
            .c2{background-color:blueviolet;float:right;}
        </style>
    </head>
    <body>
```

```
            <div class="f1"></div>
            <div class="f2"></div>
            <div class="f3"></div>
            <div class="c1"></div>
            <div class="c2"></div>
    </body>
</html>
```

运行结果如图 3-12 所示。

图 3-12 浮动

知识模块 4 列表应用

列表在网页中按照行展示一组关联性的内容，如新闻列表、排行榜等。
在本项目中，将使用列表实现导航条、图片列表和新闻列表。
知识结构如图 3-13 所示。

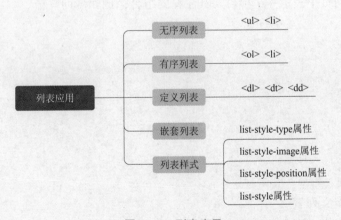

图 3-13 列表应用

1. 无序列表

无序列表在网页中表示一组无顺序之分的列表，如新闻列表。
语法：

```
<ul>
    <li></li>
    <li></li>
    .....
</ul>
```

ul 元素表示无序列表。ul 元素中只能包含 li 元素，不能包含其他内容，即 ul 元素中只允许嵌套 li 元素。

li 元素表示列表项，用于包含每一行的内容，即 li 元素可以嵌套任意内容。每一个列表项前面默认使用圆点标识。

2. 有序列表

有序列表在网页中表示一组有顺序之分的列表，例如排行榜。

语法：

```
<ol>
    <li></li>
    <li></li>
    .....
</ol>
```

ol 元素表示有序列表。ol 元素中只允许嵌套 li 元素。

li 元素表示列表项。li 元素可以嵌套任意内容。每一个列表项前面默认使用序号标识。

ol 元素的 start 属性规定有序列表中第一个列表项的起始值。

3. 定义列表

定义列表在网页中表示一组项目及其注释的组合，例如名词解释。

语法：

```
<dl>
    <dt></dt>
    <dd></dd>
    <dt></dt>
    <dd></dd>
    .....
</dl>
```

dl 元素表示定义列表。

dt 元素表示自定义列表项目，dd 元素表示自定义列表项的描述。

【例】demo3_06. html

```
<! DOCTYPE html>
<html>
    <head>
```

```
        <meta charset="UTF-8">
        <title>定义列表</title>
    </head>
    <body>
        <dl>
            <dt>移动通信的概念</dt>
            <dd>沟通移动用户与固定点用户之间或移动用户之间的通信方式</dd>
            <dt>移动通信的发展</dt>
            <dd>第一代移动通信技术</dd>
            <dd>第二代移动通信技术</dd>
            <dd>第三代移动通信技术</dd>
            <dd>第四代移动通信技术</dd>
            <dd>第五代移动通信技术</dd>
            <dt>5G 移动通信技术的特点</dt>
            <dd>广覆盖、大连接、低时延、高可靠</dd>
        </dl>
    </body>
</html>
```

运行结果如图 3-14 所示。

> 移动通信的概念
> 　沟通移动用户与固定点用户之间或移动用户之间的通信方式
> 移动通信的发展
> 　第一代移动通信技术
> 　第二代移动通信技术
> 　第三代移动通信技术
> 　第四代移动通信技术
> 　第五代移动通信技术
> 5G移动通信技术的特点
> 　广覆盖、大连接、低时延、高可靠

图 3-14 定义列表

4. 嵌套列表

嵌套列表是指在列表项内部可以包含另一个列表。

【例】demo3_07. html

```
<! DOCTYPE html>
<html>
    <head>
        <meta charset="UTF-8">
        <title>嵌套列表</title>
```

```
        </head>
        <body>
            <ul>
                <li>移动通信的概念</li>
                <li>
                    移动通信的发展
                    <ol start="3">
                        <li>第一代移动通信技术</li>
                        <li>第二代移动通信技术</li>
                        <li>第三代移动通信技术</li>
                        <li>第四代移动通信技术</li>
                        <li>第五代移动通信技术</li>
                    </ol>
                </li>
                <li>5G 移动通信技术的特点</li>
            </ul>
        </body>
</html>
```

运行结果如图 3-15 所示。

- 移动通信的概念
- 移动通信的发展
  3. 第一代移动通信技术
  4. 第二代移动通信技术
  5. 第三代移动通信技术
  6. 第四代移动通信技术
  7. 第五代移动通信技术
- 5G移动通信技术的特点

图 3-15　嵌套列表

5. 列表样式

列表的 CSS 属性可以为列表项标记设置不同的样式, 见表 3-8。

表 3-8　列表的属性

属性	描述
list-style-type	设置列表项标记的类型
list-style-image	设置列表项标记为图像
list-style-position	设置列表项标记的位置
list-style	将所有的列表属性设置于一个声明中

其中，list-style-type 属性的属性值见表 3-9。

表 3-9　list-style-type 属性值

属性值	描述
none	无标记
disc	默认值，标记是实心圆
circle	标记是空心圆
square	标记是实心方块
decimal	标记是数字
decimal-leading-zero	0 开头的数字标记（01、02、03 等）
lower-roman	小写罗马数字（i、ii、iii、iv、v 等）
upper-roman	大写罗马数字（Ⅰ、Ⅱ、Ⅲ、Ⅳ、Ⅴ 等）
lower-alpha	小写英文字母（a、b、c、d、e 等）
upper-alpha	大写英文字母（A、B、C、D、E 等）
lower-greek	小写希腊字母（alpha、beta、gamma 等）
lower-latin	小写拉丁字母（a、b、c、d、e 等）
upper-latin	大写拉丁字母（A、B、C、D、E 等）
hebrew	传统的希伯来编号方式
armenian	传统的亚美尼亚编号方式
georgian	传统的乔治亚编号方式（an、ban、gan 等）
cjk-ideographic	简单的表意数字
hiragana	标记是 a、i、u、e、o、ka、ki 等（日文平假名字符）
katakana	标记是 A、I、U、E、O、KA、KI 等（日文平假名字符）
hiragana-iroha	标记是 i、ro、ha、ni、ho、he、to 等（日文平假名序号）
katakana-iroha	标记是 I、RO、HA、NI、HO、HE、TO 等（日文平假名序号）

【例】demo3_08. html

```
<! DOCTYPE html>
<html>
    <head>
        <meta charset = "UTF-8">
        <title>列表样式</title>
        <style type = "text/css">
            .u1{list-style-image:url(img/icon1.png);list-style-position:in-
side;}

            .u2{list-style:none;}
```

```
            .u3{list-style:disc;}
            .u4{list-style:circle;}
            .u5{list-style:square;}
            .o1{list-style:decimal;}
            .o2{list-style:decimal-leading-zero;}
            .o3{list-style:upper-roman;}
            .o4{list-style:lower-alpha;}
            .o5{list-style:upper-alpha;}
        </style>
    </head>
    <body>
        <ul>
            <li class="u1">第一代移动通信技术</li>
            <li class="u2">第二代移动通信技术</li>
            <li class="u3">第三代移动通信技术</li>
            <li class="u4">第四代移动通信技术</li>
            <li class="u5">第五代移动通信技术</li>
        </ul>
        <ol>
            <li class="o1">第一代移动通信技术</li>
            <li class="o2">第二代移动通信技术</li>
            <li class="o3">第三代移动通信技术</li>
            <li class="o4">第四代移动通信技术</li>
            <li class="o5">第五代移动通信技术</li>
        </ol>
    </body>
</html>
```

运行结果如图 3-16 所示。

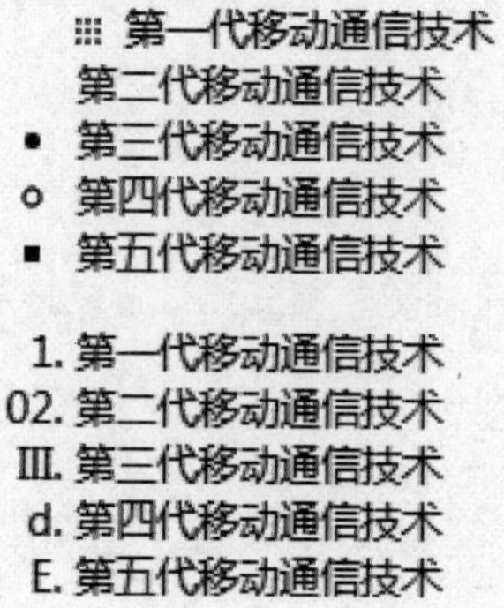

图 3-16 列表样式

3.4 项目实施

"5G 通信技术" 网站结构如图 3-17 所示。

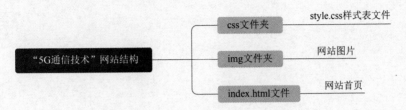

图 3-17 "5G 通信技术" 网站结构

"网站首页" 的页面结构见表 3-10。网站首页效果如图 3-1 所示。

表 3-10 "网站首页" 页面结构

index. html	
<html>	
<head></head>	
<body>	
<header>导航链接	
<nav></nav>导航条	
<div class="banner"></div>banner 图片	
</header>	
<article>主体内容	
<div class="con1"></div>图片列表	
<div class="con2">方框	
<div class="con2_left"></div>左侧	<div class="con2_right"></div>右侧
</div>	
</article>	
<footer></footer>版权信息	
</body>	
</html>	

工作任务1 "导航链接" 内容实现

1. head 区

head 区定义了字符编码、关键词、描述、网页标题、链入外部样式表。HTML 代码如下：

```html
<head>
    <!-- 定义字符编码 -->
    <meta charset="UTF-8">
    <!-- 定义关键词 -->
    <meta name="keywords"content="第五代移动通信技术">
    <!-- 定义描述 -->
    <meta name="description"content="第五代移动通信技术(5th Generation Mobile
Communication Technology,简称5G)是具有高速率、低时延和大连接特点的新一代宽带移动通信技
术,5G通信设施是实现人机物互联的网络基础设施。">
    <!-- 设置网页标题 -->
    <title>第五代移动通信技术</title>
    <!-- 引入外部样式表文件 -->
    <link href="css/style.css"type="text/css"rel="stylesheet"/>
</head>
```

2. 导航链接

导航链接由导航条和 banner 图片组成，如图 3-18 所示。

图 3-18　导航链接

HTML 代码如下：

```html
<!-- 导航链接 -->
<header>
    <!-- 导航条 -->
    <nav>
```

```
        <div class="logo">
            <img src="img/logo.png"alt=""width="320px"/>
        </div>
        <div class="nav">
            <ul>
                <li><a href="index.html">网站首页</a></li>
                <li><a href="#">5G 资讯</a></li>
                <li><a href="#">性能指标</a></li>
                <li><a href="#">关键技术</a></li>
                <li><a href="#">应用领域</a></li>
            </ul>
            <div class="clear"></div>
        </div>
        <div class="clear"></div>
    </nav>
    <!-- banner 图片 -->
    <div class="banner">
        <img src="img/banner.jpg"alt=""width="1080px"height="305px"/>
    </div>
</header>
```

设置 CSS 公共样式为网页所有元素的边距和填充均为 0；设置网页的背景色和字体等样式；设置超链接和列表修饰等样式。CSS 代码如下：

```
/*公共样式*/
*{margin:0;/*所有元素外边距为 0*/padding:0;/*所有元素内边距为 0*/}
body{background-color:#fefefe;/*背景色*/ font-family:"微软雅黑";/*字体*/}
a{text-decoration:none;/*去掉超链接下划线修饰*/}
ul,li{list-style:none;/*去掉列表样式修饰*/}
.clear{clear:both;/*清除左右浮动*/}
```

设置"导航链接"header 元素的宽度和水平居中等样式。CSS 代码如下：

```
header{width:1080px;/*设置元素宽度*/margin:0 auto;/*元素水平居中*/}
```

设置"导航条"部分的 nav 元素的外边距样式；设置 div 元素（logo 类）的浮动和宽度等样式；设置 div 元素（nav 类）的浮动、宽度和外边距等样式；设置 li 元素的浮动、宽度、高度和文本水平居中等样式；设置 a 元素的文本颜色、字号、块元素、宽度、高度、行高、外边距和鼠标悬停等样式。CSS 代码如下：

```
header nav{margin:20px;/*外边距*/}
header.logo{float:left;/*左浮动*/width:320px;}
```

```
header.nav{float:left;width:680px;margin-left:40px;/*左外边距*/}
header ul li{float:left;width:135px;height:70px;text-align:center;/*文本水平居
中*/}
header ul li a{
    color:#000000;/*文本颜色*/font-size:16px;/*字号*/display:block;/*块元
素*/
    width:135px;height:50px;line-height:50px;/*行高*/margin-top:10px;/*上外
边距*/
    }
header ul li a:hover{/*鼠标悬停*/
    background-color:rgb(26,77,122);/*背景色*/color:#ffffff;font-size:18px;
    }
```

工作任务 2 "图片列表" 内容实现

图片列表由无序列表组成，如图 3-19 所示。

5G突出特征

调速率
用户体验速率达1 Gbps

低时延
时延低至1 ms

大连接
用户连接能力达100万连接/平方千米

图 3-19　图片列表

HTML 代码如下：

```
<! -- 主体内容 -->
<article>
    <! -- 图片列表 -->
    <div class="con1">
    <h2>5G 突出特征</h2>
    <ul>
        <li>
            <img src="img/i1.png"alt=""width="40px"/>
            <h3>高速率</h3>
            <p>用户体验速率达 1Gbps</p>
        </li>
        <li>
            <img src="img/i2.png"alt=""width="40px"/>
            <h3>低时延</h3>
            <p>时延低至 1 ms</p>
        </li>
```

```
        <li>
                <img src="img/i3.png"alt=""width="40px"/>
                <h3>大连接</h3>
                <p>用户连接能力达 100 万连接/平方千米</p>
        </li>
    </ul>
    <div class="clear"></div>
</div>
```

设置 "主体内容" article 元素的宽度和水平居中等样式。CSS 代码如下：

```
article{width:1080px;margin:0 auto;}
```

设置 "图片列表" 部分的 div 元素（con1 类）的宽度和文本水平对齐方式等样式；设置 h2 元素的外边距、文本颜色和字号等样式；设置 li 元素的浮动和宽度等样式；设置 h3 元素的文本颜色和字号等样式；设置 p 元素的内边距、行高、文本颜色和字号等样式。CSS 代码如下：

```
article.con1{width:100% ;text-align:center;}
article.con1 h2{
    margin-top:20px;/*上外边距*/margin-bottom:20px;/*下外边距*/
    color:#31708F;font-size:19px;
}
article.con1 ul li{float:left;width:360px;}
article.con1 h3{color:#666666;font-size:16px;}
article.con1 p{padding:15px;line-height:20px;color:#666666;font-size:12px;}
```

工作任务 3 "方框部分" 内容实现

方框部分由左侧（发展历程、应用领域）和右侧（关于 5G、关键技术）组成，如图 3-20 所示。

图 3-20　方框部分

HTML 代码如下：

```
<!-- 方框 -->
<div class="con2">
    <!-- 左侧 -->
    <div class="con2_left">
        <!-- 发展历程 -->
        <div class="fzlc_title">发展历程</div>
        <ul class="fzlc_list">
            <li>
                <a href="#">
                    <span class="fzlc_con">
                        <img src="img/icon1.png"alt=""/> 2013 年 4 月 19 日,
IMT-2020(5G)推进组第一次会议在北京召开
                    </span>
                    <span class="date">2023-08-13</span>
                </a>
            </li>
            <li>
                <a href="#">
                    <span class="fzlc_con">
                        <img src="img/icon1.png"alt=""/> 2016 年 1 月,中国 5G
技术研发试验正式启动
                    </span>
                    <span class="date">2023-08-13</span>
                </a>
            </li>
            <li>
                <a href="#">
                    <span class="fzlc_con">
                        <img src="img/icon1.png"alt=""/> 2019 年 6 月 6 日,工
信部正式发放 5G 商用牌照
                    </span>
                    <span class="date">2023-08-13</span>
                </a>
            </li>
            <li>
                <a href="#">
                    <span class="fzlc_con">
```

```
                        <img src="img/icon1.png"alt=""/> 2023 年 10 月末,我国
5G 基站总数达 321.5 万个
                        </span>
                        <span class="date">2023-11-23</span>
                    </a>
                </li>
            </ul>
            <div class="clear"></div>
            <!--应用领域   -->
            <div class="bdfw_title">应用领域<span>APPLICATION AREA</span></div>
            <div class="bdfw_con">
                <a href="#">工业领域</a>
                <a href="#">车联网与自动驾驶</a>
                <a href="#">能源领域</a>
                <a href="#">医疗领域</a>
                <a href="#">智慧城市领域</a>
                <a href="#">更多>></a>
            </div>
            <div class="clear"></div>
        </div>
        <!--  右侧   -->
        <div class="con2_right">
            <!--  关于 5G   -->
            <div class="gybd_title">关于 5G<span>About 5G</span></div>
            <div class="gybd_con">
                <img src="img/pic1.jpg"width="100px"height="100px">
                <a href="#">第五代移动通信技术(5th Generation Mobile Communication
Technology,简称 5G)是具有高速率、低时延和大连接特点的新一代宽带移动通信技术,5G 通信设施是实
现人机物互联的网络基础设施。...<span>[详情]</span></a>
                <div class="clear"></div>
            </div>
            <!--关键技术   -->
            <div class="logo_title">关键技术<span>KEY TECHNOLOGY</span></div>
            <div class="logo_con">
                <a href="#">5G 采用全新的服务化架构,支持灵活部署和差异化业务场景。5G 采用
全服务化设计,模块化网络功能,支持按需调用,实现功能重构;采用服务化描述,易于实现能力开放,有利于
引入 IT 开发实力,发挥网络潜力。5G 支持灵活部署,实现控制和转发分离;采用通用数据中心的云化组网;
支持边缘计算。</a>
            </div>
```

```
        </div>
        <div class="clear"></div>
    </div>
</article>
```

设置"方框"con2 元素的宽度、高度、水平居中、内边距、背景色、边框、阴影、外边距和溢出等样式；设置"左侧"div 元素（con2_left 类）的宽度、高度和浮动等样式；设置"右侧"div 元素（con2_right 类）的宽度、高度和浮动等样式。CSS 代码如下：

```
article.con2{
    width:1010px;height:350px;margin:0 auto;padding:20px 30px;background-col-
or:#f9f9f9;
    border:1px solid #ffffff;/*边框*/box-shadow:0 0 6px;/*阴影*/
    margin-bottom:15px;overflow:hidden;/*超出部分(溢出)隐藏*/
}
article.con2.con2_left{width:540px;height:330px;float:left;}
article.con2.con2_right{width:460px;height:330px;float:right;}
```

设置"发展历程"部分的 div 元素（fzlc_title 类）的宽度、高度、行高、边框、外边距、字号和文本颜色等样式；设置 ul 元素（fzlc_list 类）中的 li 元素的宽度、高度、行高和溢出等样式；设置 span 元素（fzlc_con 类）的浮动样式；设置 span 元素（date 类）的浮动样式；设置 a 元素的字号、文本颜色、外边距和鼠标悬停等样式。CSS 代码如下：

```
article.con2.fzlc_title{
    width:500px;height:38px;line-height:38px;border-bottom:1px solid #e6e6e6;
    margin-bottom:6px;font-size:16px;color:#02026b;
}
article.con2.fzlc_list li{width:500px;height:28px;line-height:28px;overflow:
hidden;}
article.con2.fzlc_list li.fzlc_con {float:left;}
article.con2.fzlc_list li.date{float:right;/*右浮动*/}
article.con2.fzlc_list li a{font-size:12px;color:#666666;margin-left:8px;}
article.con2.fzlc_list li a:hover{color:#232323;}
```

设置"应用领域"部分的 div 元素（bdfw_title 类）的字号、文本颜色和外边距等样式；设置 span 元素的字号、文本颜色和外边距等样式；设置 div 元素（bdfw_con 类）的宽度和外边距等样式；设置 a 元素为块元素、宽度、高度、行高、边框、浮动、外边距、文本水平对齐方式、文本颜色和鼠标悬停等样式。CSS 代码如下：

```
article.con2.bdfw_title{font-size:16px;color:#02026b;margin-top:10px;}
article.con2.bdfw_title span{font-size:12px;color:#999999;margin-left:8px;}
article.con2.bdfw_con{width:500px;margin-top:15px;}
```

```
article.con2.bdfw_con a{
    display:block;width:145px;height:46px;line-height:46px;border:1px solid
#e6e6e6;
    float:left;margin:5px 8px;text-align:center;color:#b9b9b9;
}
article.con2.bdfw_con a: hover {color: #232323;}
```

设置"关于 5G"部分的 div 元素（gybd_title 类）的高度、行高、字号和文本颜色等样式；设置 gybd_title 类的 span 元素的字号、文本颜色和外边距等样式；设置 div 元素（gybd_con 类）的宽度、高度、外边距和溢出等样式；设置 img 元素的浮动样式；设置 a 元素为块元素、宽度、行高、浮动、文本颜色、字号、外边距和鼠标悬停等样式；设置 gybd_con 类的 span 元素的文本颜色样式。CSS 代码如下：

```
article.con2.gybd_title{height:38px;line-height:38px;font-size:16px;color:
#02026b;}
article.con2.gybd_title span{font-size:12px;color:#999999;margin-left:8px;}
article.con2.gybd_con{width:460px;height:96px;margin-top:16px;overflow:hid-
den;}
article.con2.gybd_con img{float:left;}
article.con2.gybd_con a{
    display:block;width:350px;line-height:24px;float:left;color:#919191;font-
size:12px;
    margin-left:10px;
}
article.con2.gybd_con a:hover{color:#232323;text-decoration:underline;/* 为文
本加下划线 */}
article.con2.gybd_con span{color:#02026b;}
```

设置"关键技术"部分的 div 元素（logo_title 类）的字号、文本颜色和外边距等样式；设置 span 元素的字号、文本颜色和外边距等样式；设置 div 元素（logo_con 类）的外边距样式；设置 a 元素的行高、文本颜色、字号和鼠标悬停等样式。CSS 代码如下：

```
article.con2.logo_title{font-size:16px;color:#02026b;margin-top:20px;}
article.con2.logo_title span{font-size:12px;color:#999999;margin-left:8px;}
article.con2.logo_con{margin-top:15px;}
article.con2.logo_con a{line-height:24px;color:#919191;font-size:12px;}
article.con2.logo_con a:hover{color:#232323;text-decoration:underline;}
```

工作任务 4　"版权信息"内容实现

版权信息由文本组成，如图 3-21 所示。

图 3-21　版权信息

HTML 代码如下：

```
<footer>
    Copyright 2023 &copy;第五代移动通信技术 All rights reserved.
</footer>
```

设置"版权信息"footer 元素的宽度、高度、行高、水平居中、文本水平对齐方式、文本颜色、背景色和字号等样式。CSS 代码如下：

```
footer{
    width:1080px;height:70px;line-height:70px;margin:0 auto;text-align:cen-
ter;
    color:#ffffff;background-color:rgb(26,77,122);font-size:14px;
}
```

3.5　思考练习

一、单选题

1. 关于盒模型的说法，不正确的是（　　）。

A. 盒模型由 margin、border、padding 和 content 四部分组成

B. 标准盒模型是 box-sizing：border-box

C. box-sizing 属性用于规定如何计算元素的总宽度和总高度

D. 标准盒模型是 box-sizing：content-box

2. 关于 border-radius 说法，正确的是（　　）。

A. 设置边框的圆角　　　　　　　　B. 不能设置成圆形

C. 设置容器样式　　　　　　　　　D. 只能设置一个值

3. 让一个类名为"con"元素的右上角和左下角显示 10 px 的圆角，以下书写正确的是（　　）。

A. .con{border-radius:10px 0}

B. .con{border-radius:0 10px 0 10px}

C. .con{border-radius:10px 10px 0 0}

D. .con{border-radius:0px 0px 10px 10px}

4. 设置一个 div 元素的外边距为上：20 px，下：30 px，左：40 px，右：50 px，下列书写正确的是（　　）。

A. padding:20px 30px 40px 50px;

B. padding：20px 50px 30px 40px；

C. margin：20px 30px 40px 50px；

D. margin：20px 50px 30px 40px；

5. 设置一个 div 元素的上下内边距为 10 px，左右内边距为 20 px，下列书写正确的是（　　）。

A. padding：10px 20px；

B. padding：10px 10px 20px 20px；

C. margin：10px 20px；

D. margin：10px 10px 20px 20px；

6. 以下（　　）可以使元素的上内边距为 10 px。

A. padding：5px 10px；　　　　　　B. margin：10px 5px；

C. margin：10px；　　　　　　　　D. padding：10px；

7. 以下关于 position 的值的说法，正确的是（　　）。

A. position：absolute 是绝对定位，占据原有空间

B. position：fixed 是绝对定位，占据原有空间

C. position：relative 是相对定位，是相对于自身位置移动，但是不占据原有空间

D. position：relative 是相对定位，是相对于自身位置移动，但是占据原有空间

8. CSS 的（　　）属性可以设置垂直叠放次序。

A. list-style　　　　B. padding　　　　C. z-index　　　　D. float

9. clear 属性不包括（　　）。

A. both　　　　B. float　　　　C. left　　　　D. right

10. HTML 中，（　　）标记是无序列表。

A. div　　　　B. dl　　　　C. ul　　　　D. ol

二、多选题

1. 下列关于 padding 值的描述，正确的是（　　）。

A. 当 padding 有一个值时，指的是四个方向

B. 当 padding 有两个值时，指的是上下、左右

C. 当 padding 有三个值时，指的是上、左右、下

D. 当 padding 有四个值时，指的是上、下、左、右

2. #wrap{width：600px；height：200px；background：#ccc；position：absolute；}wrap 的父元素为 body，实现 wrap 在浏览器中水平和垂直都居中，需要设置的样式有（　　）。

A. margin-left：-300px；margin-top：-100px；

B. left：300px；top：100px；

C. left：50%；top：50%；

D. margin-left：-300px；margin-top：100px；

3. 需要设置 div 元素在可视窗口的右下角显示，需要定义（　　）属性。

A. position：absolute；　　　　　　B. position：fixed；

C. right:0;   D. bottom:0;

4. 以下关于 position 属性的描述，错误的是（   ）。

A. position:static；静态定位，正常文档流定位

B. position:fixed；固定定位，相对于父元素进行定位

C. position:relative；相对定位，相对于元素的正常位置定位

D. position:absolute；绝对定位，相对于浏览器窗口定位

5. float 属性的取值有（   ）。

A. left   B. right   C. both   D. none

三、判断题

1. margin:10px；只设置上边距为 10 像素，其他三边为 0 像素。（   ）

2. 如果想为元素设置相对定位，需要设置 position:absolute；。（   ）

3. clear:both；表示两侧均允许浮动。（   ）

4. ol 列表默认情况下，每个 li 在浏览器中都会显示一个数字，代表自己的序号。
（   ）

5. li 元素既可以应用在 ol 列表中，也可以应用在 ul 列表中。（   ）

3.6 任务拓展

实现"激光技术"页面。页面结构见表 3-11，页面如图 3-22 所示。

表 3-11 "激光技术"页面结构

index. html	
<html>	
<head></head>	
<body>	
<header>导航链接	
<nav></nav>导航条	
<div class="banner"></div>banner 图片	
</header>	
<article>主体内容	
<div class="news"></div>内容列表	
<div class="box">方框	
<div class="box_left"></div>左侧	<div class="box_right"></div>右侧
</div>	
</article>	

续表

index. html
<footer></footer>版权信息
</body>
</html>

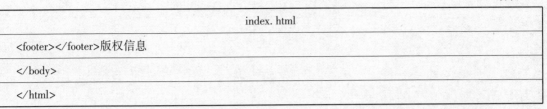

图 3-22 激光技术页面

项目 4

"大国工匠"网页设计

4.1 项目介绍

　　某工作室承接了一个项目——"大国工匠"网页设计，主题为弘扬敬业、精益、专注、创新的"大国工匠"精神和精益求精、专注认真、脚踏实地的劳动品质。要求完成网站首页、工匠简介和会员中心 3 个页面。网页设计师小王设计了网页效果图，如图 4-1~图 4-3 所示。Web 前端开发工程师小李将运用 HTML 和 CSS 技术完成网页的制作。

图 4-1 网站首页

图 4-2 工匠简介

图 4-3　会员中心

4.2　项目分析

　　"大国工匠"网页设计项目应用表格、表单、颜色和背景、弹性盒子等技术，由"公共部分"页面实现、"网站首页"页面实现、"工匠简介"页面实现和"会员中心"页面实现4个工作任务组成。

　　网站公共部分通过弹性盒子进行网页布局；网站首页通过颜色和背景进行页面美化；工匠简介页面通过表格展示工匠个人信息；会员中心页面通过表单实现个人资料的修改，如图4-4所示。

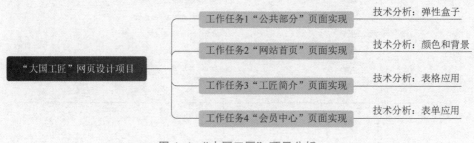

图 4-4　"大国工匠"项目分析

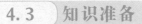

4.3 知识准备

"大国工匠"网页设计项目由表格应用、表单应用、颜色和背景、弹性盒子 4 个知识模块组成。

知识模块 1 表格应用

表格在网页制作中是常用的一种简单布局工具。表格由行和列组成,可以将任何网页元素放进表格单元格中。

在本项目中,将使用表格展示大国工匠的个人信息。

知识结构如图 4-5 所示。

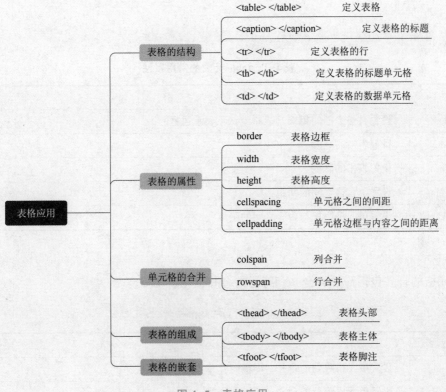

图 4-5 表格应用

1. 表格的结构

表格的基本结构:

```
<table>
    <caption></caption>
    <tr>
        <th></th>
```

```
    </tr>
    <tr>
      <td></td>
    </tr>
</table>
```

语法说明：

- \<table>\</table>：定义表格。
- \<caption>\</caption>：定义表格的标题。
- \<tr>\</tr>：定义表格的行。
- \<th>\</th>：定义表格的标题单元格。
- \<td>\</td>：定义表格的数据单元格。

2. 表格的属性

table 元素的常用属性见表 4-1。

表 4-1　table 元素的常用属性

属性	描述
border	设置表格边框的粗细（表格默认不显示边框）
width	设置表格的宽度
height	设置表格的高度
cellspacing	设置单元格之间的间距
cellpadding	设置单元格边框与内容之间的距离

3. 单元格的合并

单元格的合并包括跨列的合并和跨行的合并，见表 4-2。

表 4-2　单元格的合并

属性	描述
colspan	设置单元格跨列的合并，即横向合并
rowspan	设置单元格跨行的合并，即纵向合并

【例】demo4_01. html

```
<! DOCTYPE html>
<html>
    <head>
        <meta charset = "UTF-8">
        <title>单元格的合并</title>
```

```
    </head>
    <body>
        <table width="270px"height="270px"border="1px"cellpadding="0"cell-
spacing="0">
            <tr>
                <td colspan="2"></td>
                <td rowspan="2"></td>
            </tr>
            <tr>
                <td rowspan="2"></td>
                <td></td>
            </tr>
            <tr>
                <td colspan="2"></td>
            </tr>
        </table>
    </body>
</html>
```

运行结果如图 4-6 所示。

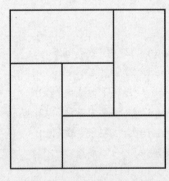

图 4-6　单元格的合并

4. 表格的组成

表格可以分为 3 个部分：

- <thead></thead>：定义表格的头部或标题部分。
- <tbody></tbody>：定义表格的主体部分。
- <tfoot></tfoot>：定义表格的脚注或表注部分。

注意：在默认情况下，这些元素不会影响到表格的布局。

5. 表格的嵌套

表格的嵌套就是在一个表格的单元格中嵌套一个或者多个表格，结构如下：

```
<table>
    <tr>
        <td>
            <table>
                <tr><td></td></tr>
            </table>
        </td>
    </tr>
</table>
```

【例】demo4_02. html

```
<! DOCTYPE html>
<html>
    <head>
        <meta charset="UTF-8">
        <title>表格的嵌套</title>
    </head>
    <body>
        <table border="1"cellpadding="10px"cellspacing="0">
            <caption>学生成绩表格</caption>
            <thead>
                <tr>
                    <th rowspan="2">学号</th>
                    <th rowspan="2">姓名</th>
                    <th colspan="3">平时成绩</th>
                    <th rowspan="2">期中考试</th>
                    <th rowspan="2">期末考试</th>
                    <th rowspan="2">总成绩</th>
                </tr>
                <tr>
                    <th>出勤</th>
                    <th>作业</th>
                    <th>表现</th>
                </tr>
            </thead>
            <tbody>
                <tr>
                    <td>1001</td><td>张三</td><td>A</td><td>A</td><td>A</td><
td>86</td><td>88</td><td>90</td>
```

```
            </tr>
            <tr>
                <td>1002</td><td>李四</td><td>A</td><td>A</td><td>A</td><td>86</td><td>88</td><td>90</td>
            </tr>
            <tr>
                <td>1003</td><td>王五</td><td>A</td><td>A</td><td>A</td><td>86</td><td>88</td><td>90</td>
            </tr>
        </tbody>
        <tfoot>
            <tr>
                <th colspan="5">
                    <table width="100%">
                        <tr><th>平均成绩</th></tr>
                    </table>
                </th>
                <th>86</th>
                <th>88</th>
                <th>90</th>
            </tr>
        </tfoot>
    </table>
  </body>
</html>
```

运行结果如图 4-7 所示。

学生成绩表格

学号	姓名	平时成绩			期中考试	期末考试	总成绩
		出勤	作业	表现			
1001	张三	A	A	A	86	88	90
1002	李四	A	A	A	86	88	90
1003	王五	A	A	A	86	88	90
平均成绩					86	88	90

图 4-7 表格的嵌套

表单是网页提供的一种交互式操作手段，用于收集用户输入的信息。

在本项目中，将使用表单实现个人资料的修改。

知识结构如图 4-8 所示。

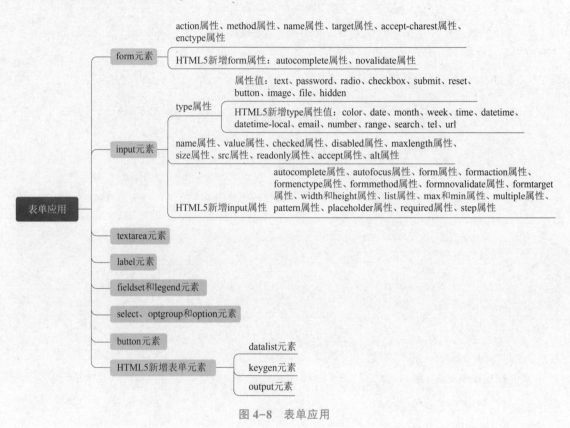

图 4-8　表单应用

1. form 元素

<form></form>标记用于定义表单。

form 元素的属性见表 4-3。

表 4-3　form 元素的属性

属性	描述
action	设置表单数据提交到何处去处理
method	设置表单数据的提交方法，有 get（默认值）和 post 两种方法
name	设置表单的名称
target	设置表单提交后显示的目标位置
accept-charset	设置服务器可处理的表单数据字符集
enctype	设置向服务器发送表单数据之前如何对其进行编码

续表

属性	描述
autocomplete	设置是否启用表单的自动完成功能
novalidate	设置提交表单时不进行验证

2. input 元素

<input/ >标记在 form 元素中使用，用来声明允许用户输入数据的 input 控件。根据不同的 type 属性值，输入字段拥有很多种形式。输入字段可以是文本、单选按钮、复选框、下拉菜单、提交按钮等。

input 元素的属性见表 4-4。

表 4-4 input 元素的属性

属性	描述
type	设置 input 元素的类型
name	设置 input 元素的名称
value	设置 input 元素的值
checked	设置在页面加载时被预先选定的 input 元素（只针对 type="checkbox" 或者 type="radio"）
disabled	设置 input 元素禁用
maxlength	设置 input 元素中允许的最大字符数
size	设置 input 元素的可见宽度（以字符数计）
src	设置图像的 URL（只针对 type="image"）
readonly	设置输入字段是只读的
accept	设置通过文件上传提交的文件类型（只针对 type="file"）
alt	设置图像输入的替代文本（只针对 type="image"）
autocomplete	设置 input 元素的输入字段是否启用自动完成功能
autofocus	设置当页面加载时 input 元素自动获得焦点
form	设置 input 元素所属的一个或多个表单
formaction	设置当表单提交时处理输入控件的文件的 URL（只针对 type="submit" 和 type="image"）
formenctype	设置当表单数据提交到服务器时如何编码（只针对 type="submit" 和 type="image"）
formmethod	设置发送表单数据到 action URL 的 HTTP 方法（只针对 type="submit" 和 type="image"）
formnovalidate	设置提交表单时不进行验证，input 元素覆盖 form 元素的 novalidate 属性
formtarget	设置提交表单后在哪里显示接收到的响应（只针对 type="submit" 和 type="image"）
width	设置图像的宽度（只针对 type="image"）
height	设置图像的高度（只针对 type="image"）
list	引用 datalist 元素，其中包含 input 元素的预定义选项

续表

属性	描述
max	设置 input 元素的最大值
min	设置 input 元素的最小值
multiple	设置允许用户输入多个值
pattern	设置验证 input 元素的值的正则表达式
placeholder	设置输入 input 字段预期值的简短的提示信息
required	设置必须在提交表单之前填写输入字段
step	设置 input 元素的合法数字间隔

其中，input 元素的 type 属性值见表 4-5。

表 4-5　type 属性值

属性值	描述
text	定义一个单行的文本字段（默认宽度为 20 个字符）
password	定义密码字段（字段中的字符会被遮蔽）
radio	定义单选按钮
checkbox	定义复选框
submit	定义提交按钮
reset	定义重置按钮（重置所有的表单值为默认值）
button	定义可单击的按钮（功能需要自定义）
image	定义图像作为提交按钮
file	定义文件选择字段和"浏览…"按钮，供文件上传
hidden	定义隐藏输入字段
color	定义拾色器
date	定义 date 控件（包括年、月、日，不包括时间）
month	定义 month 和 year 控件（不带时区）
week	定义 week 和 year 控件（不带时区）
time	定义用于输入时间的控件（不带时区）
datetime	定义 date 和 time 控件（包括年、月、日、时、分、秒、几分之一秒，基于 UTC 时区）
datetime-local	定义 date 和 time 控件（包括年、月、日、时、分、秒、几分之一秒，不带时区）
email	定义用于 e-mail 地址的字段
number	定义用于输入数字的字段
range	定义用于输入一段范围内数值的字段（比如 slider 控件）
search	定义用于输入搜索字符串的文本字段

续表

属性值	描述
tel	定义用于输入电话号码的字段
url	定义用于输入 URL 的字段

【例】demo4_03. html

```
<! DOCTYPE html>
<html>
    <head>
        <meta charset = "UTF-8">
        <title>input 元素</title>
    </head>
    <body>
        <form name = "form1" action = "demo.php" method = "post" target = "_blank" enc-
type = "multipart/form-data" autocomplete = "on">
            单行文本框<input type = "text" name = "a1" maxlength = "30" autofocus = "au-
tofocus" required = "required" /><br />
             密码框<input type = "password" name = "a2" size = "40" form = "form1" re-
quired = "required" /><br />
            单选按钮<input type = "radio" name = "a3" value = "male" checked = "checked" /
>男
              <input type = "radio" name = "a3" value = "female" />女<br />
            复选框<input type = "checkbox" name = "a4" value = "check1" /><br />
            提交按钮<input type = "submit" value = "提交" /><br />
            重置按钮<input type = "reset" value = "重置" /><br />
            普通按钮<input type = "button" value = "按钮" onclick = "alert('普通按钮');" /
><br />
            图像按钮<input type = "image" src = "img/a1.jpg" alt = "图像按钮" width = "
120px" /><br />
            文件按钮<input type = "file" name = "a5" accept = "image/jpeg" /><br />
            隐藏域<input type = "hidden" name = "a6" value = "hidden1" /><br />
            拾色器<input type = "color" name = "a7" /><br />
            日期控件<input type = "date" name = "a8" /><br />
            月份控件<input type = "month" name = "a9" /><br />
            星期控件<input type = "week" name = "a10" /><br />
            时间控件<input type = "time" name = "a11" /><br />
            日期时间控件<input type = "datetime-local" name = "a12" /><br />
            email 输入框<input type = "email" name = "a13" readonly = "readonly" place-
holder = "123456@ qq.com" /><br />
```

```
            数字输入框<input type="number"name="a14"min="1"max="10"step="2"/>
<br/>
            范围控件<input type="range"name="a15"min="1"max="10"/><br/>
            搜索框<input type="search"name="a16"disabled="disabled"/><br/>
            电话输入框<input type="tel"name="a17"pattern="^1[356789][0-9]{9}
$"/><br/>
            URL输入框<input type="url"name="a18"formnovalidate="formnovali-
date"/><br/>
        </form>
    </body>
</html>
```

运行结果如图4-9所示。

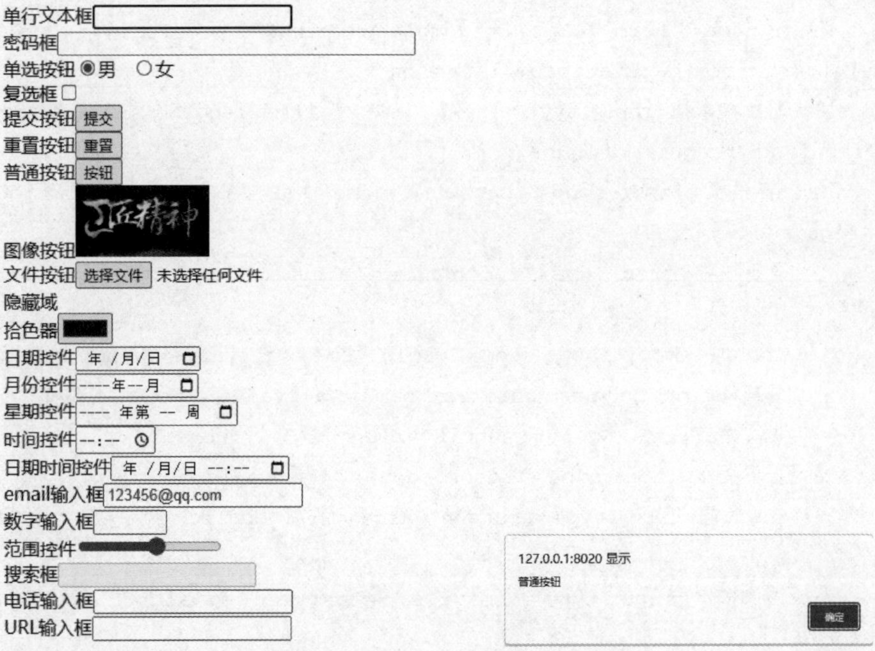

图4-9 input 元素

3. textarea 元素

<textarea></textarea>标记用于定义多行文本框，文本区域中可容纳无限数量的文本。
textarea 元素的属性见表4-6。

表4-6 textarea 元素的属性

属性	描述
name	设置文本区域的名称

续表

属性	描述
cols	设置文本区域内可见的宽度
rows	设置文本区域内可见的行数
readonly	设置文本区域为只读
disabled	设置禁用文本区域
maxlength	设置文本区域允许的最大字符数
wrap	设置当提交表单时，文本区域中的文本应该如何换行。值为 hard，自动插入换行符；值为 soft，不自动插入换行符
required	设置文本区域是必须填写的
placeholder	设置一个简短的提示，描述文本区域期望的输入值
autofocus	设置当页面加载时，文本区域自动获得焦点
form	设置文本区域所属的一个或多个表单

【例】demo4_04. html

```
<! DOCTYPE html>
<html>
    <head>
        <meta charset = "UTF-8">
        <title>textarea 元素</title>
    </head>
    <body>
        <textarea name = "t1" cols = "30" rows = "6" maxlength = "300" wrap = "hard" re-
quired = "required" placeholder = "个人简介" autofocus = "autofocus"></textarea>
    </body>
</html>
```

运行结果如图 4-10 所示。

图 4-10　textarea 元素

4. label 元素

　　<label></label>标记用于为 input 元素定义标注（标记）。当用户选择该标记时，浏览器就会自动将焦点转到和该标记相关的表单控件上。

label 元素的属性见表 4-7。

表 4-7　label 元素的属性

属性	描述
for	设置 label 与哪个表单元素绑定，其属性值对应相关表单元素的 id 值
form	设置 label 字段所属的一个或多个表单

【例】demo4_05. html

```
<! DOCTYPE html>
<html>
    <head>
        <meta charset = "UTF-8">
        <title>label 元素</title>
    </head>
    <body>
        <form>
            <label for = "male">男</label>
            <input type = "radio"name = "sex"id = "male"value = "male"><br/>
            <label for = "female">女</label>
            <input type = "radio"name = "sex"id = "female"value = "female">
        </form>
    </body>
</html>
```

运行结果如图 4-11 所示。

男 ⦿
女 ○

图 4-11　label 元素

5. fieldset 和 legend 元素

<fieldset></fieldset>标记用于对表单中的相关元素进行分组，会在相关表单元素周围绘制边框。

<legend></legend>标记为 fieldset 元素定义标题。

【例】demo4_06. html

```
<! DOCTYPE html>
<html>
    <head>
        <meta charset = "UTF-8">
```

```
        <title>fieldset 和 legend 元素</title>
    </head>
    <body>
        <form>
          <fieldset>
            <legend>用户注册</legend>
                <br/>
                用户名:<input type="text"><br/>
                密   码:<input type="password"><br/>
                <input type="submit"value="注册"/><br/>
                <br/>
            </fieldset>
        </form>
    </body>
</html>
```

运行结果如图 4-12 所示。

图 4-12 fieldset 和 legend 元素

6. select、optgroup 和 option 元素

<select></select>标记用于定义下拉列表。

<optgroup></optgroup>标记用于把相关的选项组合在一起。

<option></option>标记用于定义下拉列表中的可用选项。

select 元素的常用属性见表 4-8。

表 4-8 select 元素的属性

属性	描述
multiple	值为 true 时,可选择多个选项
size	设置下拉列表中可见选项的数目

【例】demo4_07. html

```
<! DOCTYPE html>
<html>
```

```
    <head>
        <meta charset = "UTF-8">
        <title>select、optgroup 和 option 元素</title>
    </head>
    <body>
        <select multiple = "multiple"size = "6">
          <optgroup label = "运动">
            <option value = "a1">游泳</option>
            <option value = "a2">健身</option>
          </optgroup>
          <optgroup label = "音乐">
            <option value = "a3">流行</option>
            <option value = "a4">古典</option>
          </optgroup>
        </select><br/><br/>
        <select>
            <option value = "a5">北京市</option>
            <option value = "a6">天津市</option>
            <option value = "a7"selected = "selected">唐山市</option>
        </select>
    </body>
</html>
```

运行结果如图 4-13 所示。

图 4-13 select、optgroup 和 option 元素

7. button 元素

<button></button>标记用于定义一个按钮。

button 元素的 type 属性值有：

- submit：定义提交按钮。
- reset：定义重置按钮。
- button：定义普通按钮，具体功能需自定义。

【例】demo4_08. html

```
<! DOCTYPE html>
<html>
    <head>
        <meta charset = "UTF-8">
        <title>button 元素</title>
    </head>
    <body>
        <form action = "demo.php"method = "get">
            用户名:<input type = "text"name = "a1"><br/><br/>
            <button type = "button"onclick = "alert('普通按钮')">按钮</button>
            <button type = "reset">重置</button>
            <button type = "submit">提交</button>
        </form>
    </body>
</html>
```

运行结果如图 4-14 所示。

图 4-14　button 元素

8. datalist 元素

<datalist></datalist>标记用于为 input 元素提供"自动完成"功能。用户能看到一个下拉列表,里边的选项是预先定义好的,可以作为用户的输入数据。使用 input 元素的 list 属性来绑定 datalist 元素。

【例】demo4_09. html

```
<! DOCTYPE html>
<html>
    <head>
        <meta charset = "UTF-8">
        <title>datalist 元素</title>
    </head>
    <body>
        <form>
            <input list = "language"/>
```

```
            <datalist id="language">
                <option value="C++">
                <option value="Java">
                <option value="Python">
                <option value="PHP">
            </datalist>
        </form>
    </body>
</html>
```

运行结果如图 4-15 所示。

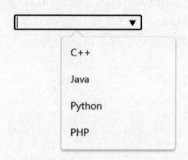

图 4-15　datalist 元素

9. keygen 元素

标记用于使用证书管理系统处理 Web 表单。在提交表单时，私钥会存储在本地，然后将公钥提交给服务器。

10. output 元素

标记用于将计算结果输出显示（比如执行脚本的输出）。

【例】demo4_10.html

```
<!DOCTYPE html>
<html>
    <head>
        <meta charset="UTF-8">
        <title>output 元素</title>
    </head>
    <body>
        <form oninput="x.value=parseInt(a.value)+parseInt(b.value)">
            <input type="number"id="a"value="0">
            +<input type="number"id="b"value="0">
            =<output name="x"></output>
        </form>
```

```
    </body>
</html>
```

运行结果如图 4-16 所示。

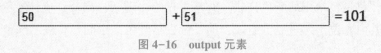

图 4-16 output 元素

颜色和背景

CSS 可以为任何元素设置前景色和背景。一般来说，前景色指元素的文本颜色。CSS 元素的背景可以设置为颜色或者图像。

在本项目中，将使用颜色和背景对页面进行美化。

知识结构如图 4-17 所示。

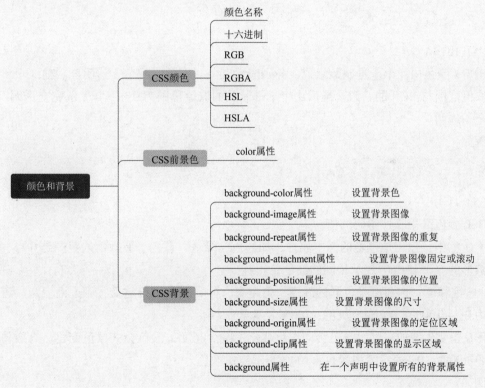

图 4-17 颜色和背景

1. CSS 颜色

CSS 颜色的表示方法如下。

（1）颜色名称

HTML 有 140 种命名颜色。这些是特殊的关键字值，如 red、green 和 blue 等。

例如：

```
color:gray;
```

（2）十六进制

十六进制颜色是最常用的颜色格式。它基于光的物理学，混合红色、绿色和蓝色光来创造任何颜色。其由 6 位十六进制数组成，前 2 位表示红色，中间 2 位表示绿色，后 2 位表示蓝色。

例如：

```
color:#FF0000;
```

（3）RGB

RGB 颜色类似于十六进制颜色，由 3 个十进制数组成，分别表示红色、绿色、蓝色。每个十进制数的取值范围为 0~255。

例如：

```
color:rgb(0,255,0);
```

（4）RGBA

RGBA 颜色由 4 个十进制数组成，分别表示红色、绿色、蓝色、透明度。前 3 个十进制数的取值范围与 RGB 的一致。最后 1 个十进制数的取值范围为 0~1，0 表示完全透明，1 表示完全不透明。

例如：

```
color:rgba(0,0,255,0.5);
```

（5）HSL

HSL 颜色采用 3 种不同的值：

• H 色相：色相是色彩的基本属性，如红色、绿色、蓝色。有效值的范围是 0~360。刻度是圆形的（0°和 360°表示相同的红色色相）。

• S 饱和度：饱和度是色彩的纯度，值越高，色彩越纯，值越低，则逐渐变灰。有效值范围为 0%~100%。0%表示灰色；100%表示全色。

• L 亮度：增加亮度，颜色会向白色变化；减少亮度，颜色会向黑色变化。有效值范围为 0%~100%。0%表示漆黑颜色；100%表示纯白颜色。

例如：

```
color:hsl(60,100% ,40% );
```

（6）HSLA

HSLA 颜色除了包含 HSL 颜色的 3 个值外，第 4 个值为：

• A 透明度：有效值范围为 0~1。0 表示完全透明；1 表示完全不透明。

例如：

```
color:hsla(200,50% ,90% ,0.8);
```

2. CSS 前景色

CSS 的前景色用来设置元素的文本颜色，通过 color 属性设置。

3. CSS 背景

CSS 的背景可以设置为背景颜色和背景图片。

CSS 背景的常用属性见表 4-9。

表 4-9　CSS 背景属性

属性	描述
background-color	设置背景色，值为颜色名称、十六进制、RGB 或 RGBA 格式
background-image	设置背景图像
background-repeat	设置背景图像的重复，值为 repeat（水平和垂直方向平铺）、repeat-x（水平方向平铺）、repeat-y（垂直方向平铺）、no-repeat（不平铺）
background-attachment	设置背景图像固定或滚动，值为 scroll（默认，背景图片随着页面的滚动而滚动）、fixed（背景图片不会随着页面的滚动而滚动）、local（背景图片会随着元素内容的滚动而滚动）
background-position	设置背景图像的位置，第 1 个值为水平位置，第 2 个值为垂直位置。值为 left、right、top、bottom、center、百分比、像素
background-size	设置背景图像的尺寸，第 1 个值为宽度，第 2 个值为高度（可省略）。值为百分比、像素、em、auto
background-origin	设置背景图像的定位区域，值为 border-box（背景图像以边框盒定位）、padding-box（背景图像以内边距框定位）、content-box（背景图像以内容框定位）
background-clip	设置背景图像裁切区域，值为 border-box（默认值，背景被裁切到边框盒内）、padding-box（背景被裁切到内边距框内）、content-box（背景被裁切到内容框内）
background	在一个声明中设置所有的背景属性，background-size 属性除外

【例】demo4_11. html

```
<! DOCTYPE html>
<html>
    <head>
        <meta charset="UTF-8">
        <title>颜色和背景</title>
        <style type="text/css">
```

```
        body{
            background:#EEEEEE url(img/poster.png) repeat-y 100% 0% fixed;
            background-size:200px;
        }
        div{
            width:400px;
            height:200px;
            border:20px solid rgba(0,255,0,0.3);
            padding:30px;
            background-color:rgb(200,200,200);
            background-image:url('img/a1.jpg');
            background-size:300px;
            background-repeat:no-repeat;
            background-attachment:scroll;
            background-position:left center;
            background-origin:border-box;
            /*background-origin:padding-box;*/
            /*background-origin:content-box;*/
            background-clip:border-box;
            /*background-clip:padding-box;*/
            /*background-clip:content-box;*/
        }
    </style>
  </head>
  <body>
    <div></div>
  </body>
</html>
```

运行结果如图4-18所示。

图4-18 颜色和背景

知识模块 4	弹性盒子

弹性盒子，英文全称为 flexible box（简称 flexbox），翻译为"灵活的盒子容器"，是 CSS 引入的新的布局模式。它能够对一个容器中的元素进行排列、对齐和分配空白空间，以便能适应不同屏幕的大小及设备类型。

弹性盒子能够扩展和收缩 flex 容器内的元素，以最大限度地填充可用空间。与浮动布局相比，弹性盒子是一个更强大的布局方式，主要表现在：

①在不同方向排列元素。

②重新排列元素的显示顺序。

③更改元素的对齐方式。

④动态地将元素装入容器。

⑤代码简洁，容易上手。

在本项目中，将使用弹性盒子在网页中快速分配元素比例，实现元素对齐和网页布局。

知识结构如图 4-19 所示。

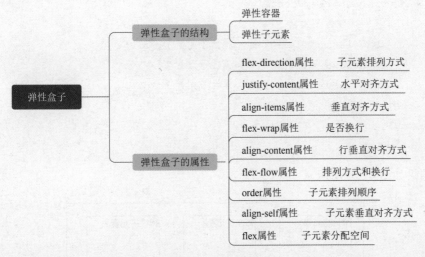

图 4-19　弹性盒子

1. 弹性盒子的结构

弹性盒子由弹性容器和弹性子元素构成。弹性盒子定义弹性子元素如何在弹性容器中布局。

①弹性容器为块级元素（一般为 div），通过将块级元素的 display 属性的值设置为 flex 或 inline-flex，将其定义为弹性容器。

②弹性容器内包含一个或多个弹性子元素，弹性子元素也为块级元素。弹性子元素通常在弹性盒子内一行显示。默认情况下，每个容器只有一行。

【例】demo4_12. html

```
<! DOCTYPE html>
```

```
<html>
    <head>
        <meta charset = "UTF-8">
        <title>弹性盒子的结构</title>
        <style type = "text/css">
            .flex-container{
                width:500px;height:200px;border:1px solid black;
                display:flex;   /*定义弹性盒子*/
            }
            .flex-item{width:120px;height:100px;margin:20px;border:1px solid
black;}
        </style>
    </head>
    <body>
    <!-- 弹性容器  -->
    <div class = "flex-container">
        <!-- 弹性子元素  -->
        <div class = "flex-item">弹性子元素 1</div>
        <div class = "flex-item">弹性子元素 2</div>
        <div class = "flex-item">弹性子元素 3</div>
    </div>
    </body>
</html>
```

运行结果如图 4-20 所示。

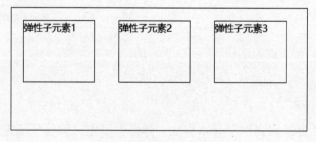

图 4-20　弹性盒子的结构

2. 弹性盒子的属性

弹性盒子的常用属性见表 4-10。

表 4-10　弹性盒子的属性

属性	描述
display	设置 HTML 元素的盒子类型

续表

属性	描述
flex-direction	设置弹性容器中子元素的排列方式
justify-content	设置弹性盒子元素在横轴方向上的对齐方式
align-items	设置弹性盒子元素在纵轴方向上的对齐方式
flex-wrap	设置弹性盒子的子元素超出父容器时是否换行
align-content	修改 flex-wrap 属性的行为，类似于 align-items，设置行垂直对齐
flex-flow	flex-direction 和 flex-wrap 的简写
order	在弹性子元素上使用，设置弹性盒子的子元素排列顺序
align-self	在弹性子元素上使用，覆盖容器的 align-items 属性
flex	在弹性子元素上使用，设置弹性盒子的子元素如何分配空间

（1）flex-direction 属性

flex-direction 属性用于设置弹性子元素在弹性容器中的排列方式。

语法：

```
flex-direction:row |row-reverse |column |column-reverse |initial |inherit;
```

属性值：

- row：默认值，水平方向从左到右排列（左对齐）。
- row-reverse：水平方向从右到左排列（右对齐）。
- column：垂直方向从上到下排列。
- column-reverse：垂直方向从下到上排列。
- initial：值为其属性的默认值。
- inherit：从其父元素继承此属性。

【例】demo4_13. html

```
<! DOCTYPE html>
<html>
    <head>
        <meta charset="UTF-8">
        <title>flex-direction 属性</title>
        <style type="text/css">
            .flex-container{
                display:flex;  /*定义弹性盒子*/
                flex-direction:row;  /*水平方向从左到右排列*/
                flex-direction:row-reverse;  /*水平方向从右到左排列*/
                flex-direction:column;  /*垂直方向从上到下排列*/
                flex-direction:column-reverse;  /*垂直方向从下到上排列*/
```

```
            }
            .flex-item{padding:10px;border:1px solid black;}
        </style>
    </head>
    <body>
        <div class="flex-container">
            <div class="flex-item">1</div>
            <div class="flex-item">2</div>
            <div class="flex-item">3</div>
        </div>
    </body>
</html>
```

运行结果如图 4-21 所示。

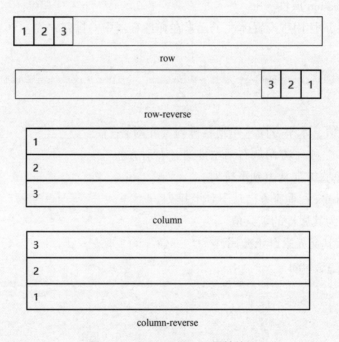

图 4-21　flex-direction 属性值

（2）justify-content 属性

justify-content 属性用于设置弹性子元素在水平方向的对齐方式。

语法：

```
justify-content:flex-start|flex-end|center|space-between|space-around|ini-
tial|inherit;
```

属性值：

● flex-start：默认值，水平方向左对齐。

- flex-end：水平方向右对齐。
- center：水平方向居中对齐。
- space-between：弹性子元素平均分布在该行上，相邻子元素之间的间隔相等。第一个子元素在最左侧，最后一个子元素在最右侧，相当于两端对齐。
- space-around：弹性子元素平均分布在该行上，两边留有一半的间隔空间。即弹性盒子两侧的间距相同，子元素之间的间距比两侧的间距大一倍。

【例】 demo4_14. html

```html
<! DOCTYPE html>
<html>
    <head>
        <meta charset = "UTF-8">
        <title>justify-content 属性</title>
        <style type = "text/css">
            .flex-container{
                display:flex;    /*定义弹性盒子*/
                justify-content:flex-start;    /*水平方向左对齐*/
                justify-content:flex-end;    /*水平方向右对齐*/
                justify-content:center;    /*水平方向居中对齐*/
                justify-content:space-between;    /*水平方向平均分布,两端对齐*/
                justify-content:space-around;    /*水平方向平均分布,两侧有间距*/
                height:50px;
                border:1px solid black;
            }
            .flex-item{padding:10px;border:1px solid black;}
        </style>
    </head>
    <body>
        <div class = "flex-container">
            <div class = "flex-item">1</div>
            <div class = "flex-item">2</div>
            <div class = "flex-item">3</div>
        </div>
    </body>
</html>
```

运行结果如图 4-22 所示。

（3）align-items 属性

align-items 属性用于设置弹性子元素在垂直方向的对齐方式。

语法：

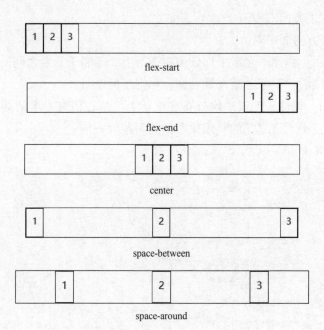

图 4-22 justify-content 属性值

```
align-items:flex-start | flex-end | center | baseline | stretch | initial | inherit;
```

属性值：
- flex-start：垂直方向上对齐。
- flex-end：垂直方向下对齐。
- center：垂直方向居中对齐。
- baseline：垂直方向基线对齐，所有文字在同一水平，即文字对齐。
- stretch：默认值，垂直方向拉伸子元素，填满父级元素的高度。

【例】demo4_15. html

```
<! DOCTYPE html>
<html>
    <head>
        <meta charset = "UTF-8">
        <title>align-items 属性</title>
        <style type = "text/css">
            .flex-container{
                display:flex;  /*定义弹性盒子*/
                align-items:flex-start;  /*垂直方向上对齐*/
                align-items:flex-end;  /*垂直方向下对齐*/
                align-items:center;  /*垂直方向居中对齐*/
```

```
            align-items:baseline;   /*垂直方向基线对齐,文字对齐*/
            align-items:stretch;   /*垂直方向拉伸子元素,填满父级元素的高度*/
            height:100px;
            border:1px solid black;
        }
        .flex-item{padding:10px;border:1px solid black;}
    </style>
</head>
<body>
    <div class="flex-container">
        <div class="flex-item">1</div>
        <div class="flex-item">2</div>
        <div class="flex-item">3</div>
    </div>
</body>
</html>
```

运行结果如图 4-23 所示。

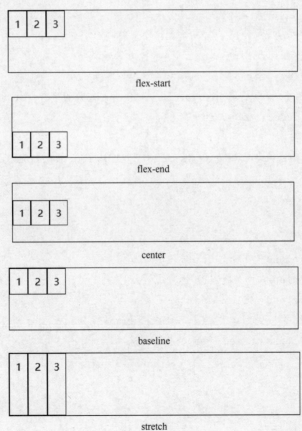

图 4-23 align-items 属性值

（4）flex-wrap 属性

flex-wrap 属性用于设置弹性子元素的换行方式。

语法：

```
flex-wrap:nowrap |wrap |wrap-reverse |initial |inherit;
```

属性值：

• nowrap：默认值，弹性容器为单行。该情况下弹性子元素可能会溢出容器。

• wrap：弹性容器为多行。该情况下弹性子元素溢出的部分会被放置到新行，子元素内部会发生断行。

• wrap-reverse：弹性容器为多行。反转 wrap 排列。

【例】demo4_16. html

```
<! DOCTYPE html>
<html>
    <head>
        <meta charset="UTF-8">
        <title> flex-wrap 属性</title>
        <style type="text/css">
            .flex-container{
                display:flex;   /*定义弹性盒子*/
                flex-wrap:nowrap;   /*弹性容器为单行*/
                flex-wrap:wrap;   /*弹性容器为多行*/
                flex-wrap:wrap-reverse;   /*弹性容器为多行,反转wrap排列*/
                border:1px solid black;
            }
            .flex-item{width:100px;padding:10px;border:1px solid black;}
        </style>
    </head>
    <body>
        <div class="flex-container">
            <div class="flex-item">1</div>
            <div class="flex-item">2</div>
            <div class="flex-item">3</div>
                    <div class="flex-item">4</div>
            <div class="flex-item">5</div>
        </div>
    </body>
</html>
```

运行结果如图 4-24 所示。

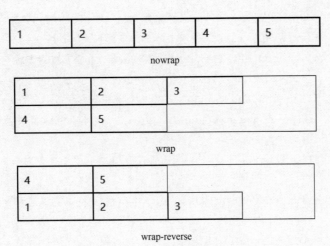

图 4-24   **flex-wrap 属性值**

（5）align-content 属性

align-content 属性用于修改 flex-wrap 属性的行为，类似于 align-items，设置行在垂直方向的排列方式。

语法：

```
align-content:flex-start|flex-end|center|space-between|space-around|stretch|
initial|inherit;
```

属性值：

- flex-start：各行在垂直方向上对齐。
- flex-end：各行在垂直方向下对齐。
- center：各行在垂直方向居中对齐。
- space-between：各行在垂直方向平均分布，两端无间距。
- space-around：各行在垂直方向平均分布，两端保留子元素与子元素之间间距大小的一半。
- stretch：默认值，各行被拉伸，以占满容器。

【例】demo4_17.html

```
<! DOCTYPE html>
<html>
    <head>
        <meta charset="UTF-8">
        <title>align-content 属性</title>
        <style type="text/css">
            .flex-container{
```

```
                    display:flex;   /*定义弹性盒子*/
                    flex-wrap:wrap;   /*弹性容器为多行*/
                    align-content:flex-start;   /*各行在垂直方向上对齐*/
                    align-content:flex-end;   /*各行在垂直方向下对齐*/
                    align-content:center;   /*各行在垂直方向居中对齐*/
                     align-content:space-between;   /*各行在垂直方向平均分布,两端无间
距*/
                    align-content:space-around;   /*各行在垂直方向平均分布,两端间距为子
元素间距的一半*/
                    align-content:stretch;   /*各行被拉伸,以占满容器*/
height:150px;
                    border:1px solid black;
                 }
                    .flex-item{width:100px;padding:10px;border:1px solid black;}
            </style>
        </head>
        <body>
            <div class="flex-container">
                <div class="flex-item">1</div>
                <div class="flex-item">2</div>
                <div class="flex-item">3</div>
                <div class="flex-item">4</div>
                <div class="flex-item">5</div>
            </div>
        </body>
    </html>
```

运行结果如图4-25所示。

（6）flex-flow属性

flex-flow属性是flex-direction和flex-wrap属性的复合属性。

语法：

```
flex-flow:flex-direction flex-wrap | initial | inherit;
```

属性值：

● flex-direction：设置子元素的排列方式，取值为row（默认值）、row-reverse、column、column-reverse、initial 或 inherit。

● flex-wrap：设置子元素是否换行，取值为 nowrap（默认值）、wrap、wrap-reverse、initial 或 inherit。

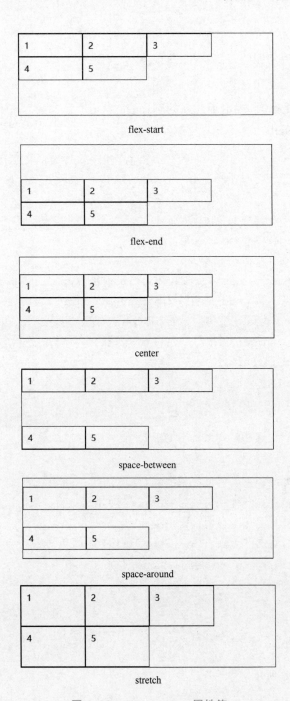

图 4-25 **align-content** 属性值

【例】

```
flex-flow:row nowrap;  /*水平方向左对齐,不允许换行*/
```

(7) order 属性

order 属性在弹性子元素上使用，用于设置或检索弹性子元素出现的顺序。

语法：

```
order:number |initial |inherit;
```

属性值：

● number：默认值是 0，规定子元素的顺序。

【例】demo4_18.html

```
<! DOCTYPE html>
<html>
    <head>
        <meta charset = "UTF-8">
        <title>order 属性</title>
        <style type = "text/css">
            .flex-container{display:flex;border:1px solid black;}
            .flex-item{padding:10px;border:1px solid black;}
            .order1{order:5;}    /*定义排列顺序*/
            .order2{order:3;}
            .order3{order:2;}
            .order4{order:1;}
            .order5{order:4;}
        </style>
    </head>
    <body>
        <div class = "flex-container">
            <div class = "flex-item order1">1</div>
            <div class = "flex-item order2">2</div>
            <div class = "flex-item order3">3</div>
            <div class = "flex-item order4">4</div>
            <div class = "flex-item order5">5</div>
        </div>
    </body>
</html>
```

运行结果如图 4-26 所示。

图 4-26　order 属性值

（8）align-self 属性

align-self 属性在弹性子元素上使用，用于设置弹性子元素自身在垂直方向的对齐方式，覆盖弹性容器的 align-items 属性。

语法：

```
align-self:auto |flex-start |flex-end |center |baseline |stretch |initial |
inherit;
```

属性值：
- auto：值为父元素的"align-items"值，如果没有，则值为"stretch"。
- flex-start：子元素垂直方向上对齐。
- flex-end：子元素垂直方向下对齐。
- center：子元素垂直方向居中对齐。
- baseline：子元素垂直方向基线对齐，所有文字在同一水平，即文字对齐。
- stretch：垂直方向拉伸子元素，填满父级元素的高度。

【例】demo4_19. html

```
<! DOCTYPE html>
<html>
    <head>
        <meta charset="UTF-8">
        <title>align-self 属性</title>
        <style type="text/css">
            .flex-container{display:flex;height:100px;border:1px solid black;}
            .flex-item{padding:10px;border:1px solid black;}
            .item1{align-self:auto;}   /*值为父元素的"align-items"值,如果没有,则
值为"stretch" */
            .item2{align-self:flex-start;}   /*子元素垂直方向上对齐 */
            .item3{align-self:flex-end;}   /*子元素垂直方向下对齐 */
            .item4{align-self:center;}   /*子元素垂直方向居中对齐 */
            .item5{align-self:baseline;}   /*子元素垂直方向基线对齐 */
            .item6{align-self:stretch;} /*垂直方向拉伸子元素,填满父级元素的高度 */
        </style>
    </head>
    <body>
        <div class="flex-container">
            <div class="flex-item item1">1</div>
            <div class="flex-item item2">2</div>
            <div class="flex-item item3">3</div>
            <div class="flex-item item4">4</div>
            <div class="flex-item item5">5</div>
        <div class="flex-item item6">6</div>
```

```
    </div>
  </body>
</html>
```

运行结果如图 4-27 所示。

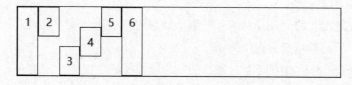

图 4-27　align-self 属性值

（9）flex 属性

flex 属性在弹性子元素上使用，用于指定弹性子元素如何分配空间，是 flex-grow、flex-shrink 和 flex-basis 属性的简写。默认值为 0 1 auto。

语法：

```
flex:flex-grow  flex-shrink  flex-basis;
```

属性值：

● flex-grow：定义弹性子元素的放大比率。默认值为 0，即使存在剩余空间，也不放大。

● flex-shrink：定义弹性子元素的缩小比率。默认值为 1，即如果空间不足，该子元素将缩小。

● flex-basis：定义了在分配多余空间之前，弹性子元素占据的主轴空间。默认值为 auto，即子元素的本来大小。

【例】demo4_20. html

```
<! DOCTYPE html>
<html>
    <head>
        <meta charset = "UTF-8">
        <title>flex 属性</title>
        <style type = "text/css">
            .flex-container{display:flex;border:1px solid black;}
            .flex-item{padding:10px;border:1px solid black;}
            .item1{flex:1;}    /* 所占空间比例为 1/4 * /
            .item2{flex:2;}    /* 所占空间比例为 1/2 * /
            .item3{flex:1;}    /* 所占空间比例为 1/4 * /
        </style>
```

```
      </head>
      <body>
          <div class = "flex-container">
              <div class = "flex-item item1">1</div>
              <div class = "flex-item item2">2</div>
              <div class = "flex-item item3">3</div>
          </div>
      </body>
</html>
```

运行结果如图 4-28 所示。

1	2	3

图 4-28   flex 属性值

4.4 项目实施

"大国工匠"网站结构如图 4-29 所示。

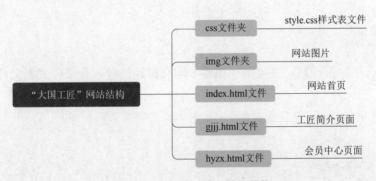

图 4-29 "大国工匠"网站结构

工作任务 1 "公共部分"页面实现

网站的"公共部分"是指网站所有页面都具有的内容。

"大国工匠"网站的公共部分由文档头部、导航链接和文档底部组成。

"公共部分"的页面结构见表 4-11。"公共部分"的页面效果如图 4-30 所示。

表 4-11 "公共部分"页面结构

公共部分
\<html>

续表

公共部分
<head></head>
<body>
<header></header>文档头部
<nav></nav>导航链接
<article></article>文档内容
<footer></footer>文档底部
</body>
</html>

图4-30 "公共部分"页面效果

1. head 区

head 区定义了字符编码、关键词、描述、网页标题、链入外部样式表文件。HTML 代码如下：

```
<head>
   <!-- 定义字符编码  -->
   <meta charset="UTF-8">
   <!-- 定义关键词  -->
   <meta name="keywords"content="大国工匠">
   <!-- 定义描述  -->
   <meta name="description"content="学习大国工匠热爱本职、脚踏实地,勤勤恳恳、兢兢业
业,尽职尽责、精益求精的精神。">
   <!-- 设置网页标题  -->
   <title>大国工匠</title>
   <!-- 链入外部样式表文件  -->
   <link href="css/style.css"type="text/css"rel="stylesheet" />
</head>
```

2. 文档头部

文档头部由 2 张图片组成，图片通过弹性盒子布局，实现两端对齐，如图 4-31 所示。

图 4-31 文档头部

HTML 代码如下：

```
<header>
    <div class="header">
        <div class="logo">
            <a href="index.html"><img src="img/logo.png"alt=""width="200px"/
></a>
        </div>
        <div class="poster">
            <img src="img/poster.png"alt=""width="400px"/>
        </div>
    </div>
</header>
```

设置 CSS 公共样式为网页所有元素外边距和内边距均为 0；设置网页的背景色和字体等样式；设置超链接和列表修饰等样式。CSS 代码如下：

```
/*公共样式*/
*{ margin:0;padding:0;}
body{ background-color:rgb(242,242,242);font-family:"微软雅黑";}
a{ text-decoration:none;/*去掉超链接下划线修饰*/
ul,li{ list-style:none;/*去掉列表样式修饰*/
```

设置 "文档头部" header 元素的宽度和水平居中等样式；设置 div 元素（header 类）的宽度、外边距和内边距等样式，定义为弹性盒子，设置其子元素水平方向两端对齐，垂直方向底部对齐。CSS 代码如下：

```
header{width:1080px;/*宽度*/margin:0 auto;/*水平居中*/}
header.header{
    width:1000px;
    margin-top:30px;margin-bottom:10px;/*上、下外边距*/
    padding-left:40px;padding-right:40px;/*左、右内边距*/
    display:flex;/*定义弹性盒子*/
    justify-content:space-between;/*弹性盒子元素水平方向均匀分布在该行上,两端对
齐*/
```

```
    align-items:flex-end;/*弹性盒子元素垂直方向底部对齐*/
}
```

3. 导航链接

导航链接通过将无序列表设置为弹性盒子实现，如图 4-32 所示。

图 4-32 导航链接

HTML 代码如下：

```
<nav>
    <ul>
        <li class="active"><a href="index.html">网站首页</a></li>
        <li><a href="gjjj.html">工匠简介</a></li>
        <li><a href="#">人物事迹</a></li>
        <li><a href="#">工匠精神</a></li>
        <li><a href="hyzx.html">会员中心</a></li>
    </ul>
</nav>
```

设置"导航链接"nav 元素的高度、背景图片、圆角边框和超出部分（溢出）隐藏等样式。CSS 代码如下：

```
nav{
    width:1080px;height:42px;/*高度*/margin:0 auto;
    background:url(../img/navbg.jpg) repeat-x;/*背景图片*/
    border-radius:6px;/*圆角边框*/
    overflow:hidden;/*超出部分(溢出)隐藏*/
}
```

设置"导航链接"部分的 ul 元素为弹性盒子，li 列表项元素作为弹性子元素在水平方向均匀分布在该行上；设置 a 元素的高度、行高、字号、文字颜色和鼠标悬停等样式；设置 li 元素当前活动页面（active 类）的文字颜色样式。CSS 代码如下：

```
nav ul{
    display:flex;/*定义弹性盒子*/
    justify-content:space-around;/*弹性盒子元素在水平方向均匀分布在该行上*/
}
nav ul li a{height:42px;line-height:42px;font-size:15px;color:#ffffff;}
nav ul li a:hover{color:darksalmon;}
nav ul li.active a{color:darksalmon;}
```

4. 文档内容

文档内容由各个页面分别实现。

HTML 代码如下：

```
<article></article>
```

5. 文档底部

文档底部由文字组成，如图 4-33 所示。

Copyright 2023 © 大国工匠 All rights reserved.

图 4-33　文档底部

HTML 代码如下：

```
<footer>
    Copyright 2023 &copy;大国工匠 All rights reserved.
</footer>
```

设置"文档底部"footer 元素的宽度、内边距、边框、文本对齐方式和字号等样式。
CSS 代码如下：

```
footer{width:100% ;padding:20px 0;border-top:2px solid #000;text-align:center;
font-size:14px;}
```

工作任务 2　"网站首页"页面实现

"大国工匠"网站的首页由公共部分、文档左上部、文档右上部和文档下部组成。
"网站首页"的页面结构见表 4-12。"网站首页"的页面效果如图 4-1 所示。

表 4-12　"网站首页"页面结构

index. html
\<html\>
\<head\>\</head\>
\<body\>
公共部分：\<header\>\</header\>文档头部
公共部分：\<nav\>\</nav\>导航链接
\<article\>文档内容
\<div class="con_top"\>文档内容上部

续表

index. html	
<div class="con_left"></div>文档左上部	<div class="con_right"></div>文档右上部
</div>	
<div class="con_bottom">文档内容下部</div>	
</article>	
公共部分：<footer></footer>文档底部	
</body>	
</html>	

1. 文档左上部

文档左上部由图片和文字组成，如图 4-34 所示。

图 4-34　文档左上部

HTML 代码如下：

```
<!-- 文档内容 -->
<article>
    <!-- 文档内容上部 -->
    <div class="con_top">
```

```
<! -- 文档左上部   -->         <div class = "con_left">
    <img src = "img/banner.png" alt = "" width = "700px" height = "250px"/>
    <div class = "con_banner">
    <h3>大国工匠   匠心筑梦   传承文化</h3>
    <p>宝剑锋从磨砺出。大国工匠都拥有一个共同的闪光点——热爱本职、敬业奉献。他
们技艺精湛,有人能在牛皮纸一样薄的钢板上焊接而不出现一丝漏点,有人能把密封精度控制在头发丝的五
十分之一,还有人检测手感堪比 X 光般精准,令人叹服。他们之所以能够匠心筑梦,凭的是传承和钻研,靠的
是专注与磨砺。</p>
        <p>学习大国工匠热爱本职、脚踏实地,勤勤恳恳、兢兢业业,尽职尽责、精益求精的精神。
</p>
    </div>
</div>
```

设置"文档内容"article 元素的宽度和水平居中等样式;设置"文档内容上部"div 元素(con_top 类)的宽度样式,定义为弹性盒子,设置其子元素水平方向两端对齐。CSS 代码如下:

```
article{width:1080px;margin:20px auto;}
article.con_top{
    width:100% ;
    display:flex;/*定义弹性盒子*/
    justify-content:space-between;/*均匀排列每个元素*/
}
```

设置"文档左上部"div 元素(con_left 类)的宽度样式;设置 div 元素(con_banner 类)的宽度、文本对齐方式、字号、文字颜色、行高和首行缩进等样式;设置 h3 元素的文本对齐方式和外边距等样式。CSS 代码如下:

```
article.con_left{width:700px;}
article.con_left.con_banner{
    width:100% ;text-align:left;font-size:14px;color:#242424;line-height:30px;
    text-indent:2em;/*首行缩进 2 个字符*/
}
article.con_left.con_banner h3 {text-align: center; margin-top: 20px; margin-
bottom: 10px;}
```

2. 文档右上部

文档右上部由会员登录表单组成,如图 4-35 所示。

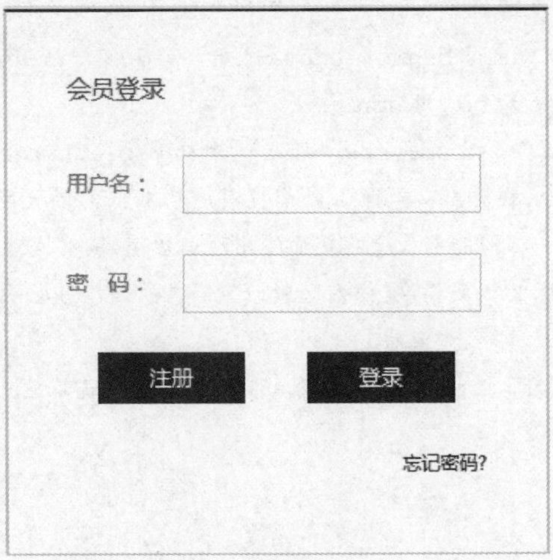

图 4-35 文档右上部

HTML 代码如下：

```
<! -- 文档右上部 -->
<div class = "con_right">
    <form action = "#" method = "get">
        <ul class = "con_login">
            <li class = "log_title">会员登录</li>
            <li class = "log_input">
                <span>用户名:</span>
                <input name = "username" type = "text">
            </li>
            <li class = "log_input">
                <span>密    码:</span>
                <input name = "pwd" type = "password">
            </li>
            <li class = "log_btn">
                <div><a href = "reg.html" class = "btn">注册</a></div>
                <div><input name = "login" type = "submit" value = "登录" class = "btn"
></div>
            </li>
            <li class = "log_forget"><a href = "#">忘记密码? </a></li>
        </ul>
    </form>
</div>
</div>
```

设置"文档右上部"div 元素（con_right 类）的宽度样式；设置 ul 元素的宽度、高度、内边距、背景色和边框等样式；设置 li 元素的宽度和外边距等样式。CSS 代码如下：

```
article.con_right{width:350px;}
article.con_login{
    width:270px;height:280px;padding:30px 38px;background-color:#ffffff;
    border:2px solid #e0e0e0;/*边框*/border-top:2px solid #910000;/*上边框*/
}
article.con_login li {width: 100%; margin-bottom: 25px;}
```

设置会员登录表单的标题（log_title 类）、输入框（log_input 类）、按钮（log_btn 类）和忘记密码（log_forget 类）的样式。CSS 代码如下：

```
article.con_login.log_title {height: 35px; line-height: 35px; font-size:
16px; color: #e00000;}
article.con_login.log_input span {
    display: inline-block; /*行内块元素*/
    width: 70px; height: 35px; line-height: 35px; text-align: left; font-size:
14px; color: #9d9d9d;
}
article.con_login.log_input input{
    width:180px;height:35px;border:1px solid #ddd;padding:0 5px;
}
article.con_login.log_input input:hover{background-color:rgb(242,242,242);}
article.con_login.log_btn{width:100%; display: flex; justify-content: space-
around;}
article.con_login.log_btn a{display:inline-block;}
article.con_login.log_forget{text-align:right;/*文本水平方向右对齐*/}
article.con_login.log_forget a{font-size:12px;color:#484848;}
article.con_login.log_forget a:hover{color:#9d9d9d;}
```

3. 文档下部

文档下部由文字和背景图片组成，如图 4-36 所示。

图 4-36　文档下部

HTML 代码如下：

```
<!-- 文档内容下部 -->
<div class = "con_bottom">
     
    <div class = "con_p">
        <p>工匠精神是社会文明进步的重要尺度,是中国制造前行的精神源泉,是企业竞争发展的品
牌资本,是员工个人成长的道德指引。</p>
        <p>"工匠精神"就是追求卓越的创造精神、精益求精的品质精神、用户至上的服务精神。</p>
    </div>
</div>
</article>
```

设置"文档内容下部"div 元素（con_bottom 类）的宽度、外边距和背景图片等样式；设置 div 元素（con_p 类）的宽度、行高、内边距、边框、文本对齐方式、外边距、字号、文字颜色、文本粗细和首行缩进等样式。CSS 代码如下：

```
article.con_bottom{
    width:100%;margin-bottom:30px;margin-top:-50px;
    background:url(../img/bottom.png) no-repeat right top;/*背景图片*/
    background-size:400px;/*背景图片尺寸*/
}
article.con_bottom.con_p{
    width:600px;line-height:170%;padding:20px 30px;border:2px solid #a5a5a5;
text-align:left;
    margin-top:40px;font-size:18px;color:#484848;font-weight:bold;text-
indent:2em;
}
```

工作任务3 "工匠简介"页面实现

"大国工匠"网站的工匠简介页面由公共部分、位置导航、搜索功能、表格和分页组成。

"工匠简介"的页面结构见表4-13。"工匠简介"的页面效果如图4-2所示。

表4-13 "工匠简介"页面结构

gjjj. html
<html>
<head></head>
<body>
公共部分：<header></header>文档头部
公共部分：<nav></nav>导航链接

续表

gjjj. html
<article>文档内容
<div class="position"></div>位置导航
<div class="search"></div>搜索功能
<table></table>表格
<div class="pages"></div>分页
</article>
公共部分:<footer></footer>文档底部
</body>
</html>

1. 位置导航

位置导航显示当前页面的位置链接,如图 4-37 所示。

您现在的位置: 首页 > 工匠简介

图 4-37 位置导航

HTML 代码如下:

```
<article>
    <!-- 位置导航 -->
    <div class="position">
        <span>您现在的位置:</span>
        <a href="index.html">首页</a> > <a href="gjjj.html">工匠简介
</a>
    </div>
```

设置"位置导航"div 元素(position 类)的宽度、高度、行高、背景图片、边框、文本对齐方式、字号、文字颜色和外边距等样式;设置 span 元素的外边距样式;设置 a 元素的字号、文本颜色、外边距和鼠标悬停等样式。CSS 代码如下:

```
article.position{
    width: 100%; height: 39px; line-height: 39px; background: url(../img/
positionbg.jpg) repeat-x;
    border:1px solid #aaaaaa;text-align:left;font-size:14px;color:#000000;mar-
gin-bottom:15px;
}
```

```
article.position span{margin-left:25px;/*左外边距*/}
article.position a{font-size:14px;color:#000000;margin:0 5px;}
article.position a:hover{color:#910000;}
```

2. 搜索功能

搜索功能由文本框和搜索按钮组成, 如图 4-38 所示。

图 4-38 搜索功能

HTML 代码如下:

```
<div class="search">
    <form action="#"method="get">
        <input type="text"class="search_txt"placeholder="请输入姓名"/>
        <input type="submit"class="search_btn"value="搜索"/>
    <form>
</div>
```

设置 "搜索功能" div 元素 (search 类) 的宽度、外边距和相对定位等样式; 设置文本框 (search_txt 类) 的宽度、高度、边框和内边距等样式; 设置按钮 (search_btn 类) 的宽度、高度、背景色、边框、字号、文本颜色、绝对定位和鼠标悬停等样式。CSS 代码如下:

```
article.search{
    width:300px;margin:0 auto;margin-bottom:15px;position:relative;/*相对定
位*/
}
article.search.search_txt{
    width:180px;height:35px;border:1px solid #a90000;padding:0 5px;
}
article.search.search_btn{
    width:120px;height:37px;background-color:#a90000;border:0;font-size:14px;
color:#ffffff;position:absolute;/*绝对定位*/left:192px;/*相对父元素左侧的距离*/
}
article.search.search_btn:hover{
    background-color:#810000;cursor:pointer;/*鼠标悬停时的手形样式*/
}
```

3. 表格

表格用于展示大国工匠的姓名和职业, 如图 4-39 所示。

序号	姓名	职业
1	艾爱国	湖南华菱湘潭钢铁有限公司焊接顾问
2	刘湘宾	中国航天科技集团九院7107厂数控铣工
3	陈兆海	中交一航局第三工程有限公司工程测量工
4	周建民	中国兵器淮海工业集团有限公司十四分厂工具钳工
5	洪家光	中国航发黎明工装制造厂数控车工
6	刘更生	北京金隅天坛家具股份有限公司龙顺成公司工艺总监
7	卢仁峰	内蒙古第一机械集团有限公司焊工
8	徐立平	中国航天科技集团有限公司四院7416厂班组长
9	张路明	无线电通信设计师
10	刘丽	大庆油田有限责任公司第二采油厂第六作业区48队采油工

图 4-39 表格

HTML 代码如下：

```
<table cellpadding = "0"cellspacing = "0">
    <tr>
        <th>序号</th>
        <th>姓名</th>
        <th>职业</th>
    </tr>
    <tr>
        <td width = "15% ">1</td>
        <td width = "15% ">艾爱国</td>
        <td width = "70% ">湖南华菱湘潭钢铁有限公司焊接顾问</td>
    </tr>
    <tr>
        <td>2</td>
        <td>刘湘宾</td>
        <td>中国航天科技集团九院 7107 厂数控铣工</td>
    </tr>
    <tr>
        <td>3</td>
        <td>陈兆海</td>
        <td>中交一航局第三工程有限公司工程测量工</td>
    </tr>
    <tr>
        <td>4</td>
```

```
        <td>周建民</td>
        <td>中国兵器淮海工业集团有限公司十四分厂工具钳工</td>
    </tr>
    <tr>
        <td>5</td>
        <td>洪家光</td>
        <td>中国航发黎明工装制造厂数控车工</td>
    </tr>
    <tr>
        <td>6</td>
        <td>刘更生</td>
        <td>北京金隅天坛家具股份有限公司龙顺成公司工艺总监</td>
    </tr>
    <tr>
        <td>7</td>
        <td>卢仁峰</td>
        <td>内蒙古第一机械集团有限公司焊工</td>
    </tr>
    <tr>
        <td>8</td>
        <td>徐立平</td>
        <td>中国航天科技集团有限公司四院7416厂班组长</td>
    </tr>
    <tr>
        <td>9</td>
        <td>张路明</td>
        <td>无线电通信设计师</td>
    </tr>
    <tr>
        <td>10</td>
        <td>刘丽</td>
        <td>大庆油田有限责任公司第二采油厂第六作业区48队采油工</td>
    </tr>
</table>
```

设置"表格"table元素的宽度和水平居中等样式；设置td元素的字号、文本颜色、内边距和文本对齐方式等样式；设置th元素的背景色、字号、文本颜色、内边距和文本对齐方式等样式；设置奇偶行的背景色样式，其中，tr:nth-child(odd)表示奇数行，tr:nth-child(even)表示偶数行；设置tr元素的鼠标悬停样式。CSS代码如下：

```
article table{width:100% ;margin:0 auto;}
article table td{font-size:14px;color:#3d3d3d;padding:12px;text-align:cen-
ter;}
article table th{
    background-color:#910006;font-size:14px;color:#ffffff;padding:12px;text-
align:center;
    }
article table tr:nth-child(odd){background-color:#f8f8f8;}
article table tr:nth-child(even){background-color:#ffffff;}
article table tr:hover{background-color:rgb(242,242,242);}
```

4. 分页

分页由超链接组成，如图 4-40 所示。

图 4-40　分页

HTML 代码如下：

```
<div class="pages">
    <a href="index.html">首页</a>
    <a href="#">上一页</a>
    <a href="#"class="on">1</a>
    <a href="#">2</a>
    <a href="#">3</a>
    <a href="#">4</a>
    <a href="#">5</a>
    <a href="#">6</a>
    <a href="#">下一页</a>
    <a href="#">尾页</a>
</div>
</article>
```

设置"分页"div 元素（pages 类）的宽度、高度、外边距和文本对齐方式等样式；设置 a 元素为行内块元素，并设置高度、行高、内边距、背景图片、溢出、边框、字号、文本颜色、外边距、圆角矩形和鼠标悬停等样式；设置 a 元素当前页码（on 类）的文本颜色、背景色和边框等样式。CSS 代码如下：

```
article.pages{width:100% ;height:30px;margin-top:15px;margin-bottom:20px;text-
align:center;}
    article.pages a{
```

```
    display:inline-block;height:30px;line-height:30px;padding:0 14px;
    background:url(../img/positionbg.jpg) repeat-x;overflow:hidden;border:1px
solid #cccccc;
    font-size:14px;color:#000000;margin-left:3px;border-radius:4px;/*圆角矩形
边框*/
    }
    article.pages a.on,.pages a:hover{ color:#ffffff;background:#3a3333;border:1px
solid #3a3333;}
```

工作任务 4 "会员中心" 页面实现

"大国工匠" 网站的会员中心页面由公共部分、位置导航、左侧列表和右侧用户表单组成。其中，位置导航的结构与 "工匠简介" 页面一致。

"会员中心" 的页面结构见表4-14。"会员中心" 的页面效果如图4-3所示。

表4-14　会员中心页面结构

hyzx. html	
<html>	
<head></head>	
<body>	
公共部分：<header></header>文档头部	
公共部分：<nav></nav>导航链接	
<article>文档内容	
<div class="position"></div>位置导航	
<div class="usform">文档主体内容	
<div class="usform_left"></div>左侧列表	<div class="usform_right"></div>右侧用户表单
</div>	
</article>	
公共部分：<footer></footer>文档底部	
</body>	
</html>	

1. 左侧列表

左侧列表显示 "我的账户" 信息和 "个人中心" 相关链接，如图4-41所示。

图 4-41　左侧列表

HTML 代码如下：

```
<! -- 文档主体内容   -->
<div class = "usform">
    <! -- 左侧列表   -->
    <div class = "usform_left">
        <div class = "usform_left_con">
            <div class = "usform_left_title">我的账户</div>
            <div class = "usform_left_img">
            <img src = "img/user.jpg"alt = ""width = "160px"height = "160px"/>
            <p>用户名:张三</p>
        </div>
    </div>
    <div class = "usform_left_con">
        <div class = "usform_left_title">个人中心</div>
        <ul>
            <li><a href = "#">用户信息</a></li>
            <li><a href = "#">我的账户</a></li>
```

```
        <li><a href = "#">修改密码</a></li>
        <li><a href = "#">我的留言</a></li>
      </ul>
    </div>
</div>
```

设置"文档主体内容"div 元素（usform 类）的宽度和水平居中等样式，定义为弹性盒子，设置其子元素水平方向两端对齐。CSS 代码如下：

```
article.usform{width:1080px;margin:10px auto;display:flex;justify-content:
space-between;}
```

设置"左侧列表"div 元素（usform_left 类）的宽度样式；设置 div 元素（usform_left_con 类）的宽度、边框、背景色和外边距等样式；设置标题（usform_left_title 类）、图片（usform_left_img 类）、ul 元素、li 元素和 a 元素的样式。CSS 代码如下：

```
article.usform.usform_left{width:202px;}
article.usform.usform_left_con{
    width:200px;border:1px solid #aaaaaa;background-color:#ffffff;margin-bot-
tom:20px;
}
article.usform.usform_left_title{
    width:160px;height:45px;line-height:45px;padding-left:20px;padding-
right:20px;
    text-align:left;background-color:#8c1919;font-size:15px;color:#ffffff;
}
article.usform.usform_left_img{
    width:200px;text-align:center;padding-top:15px;padding-bottom:10px;
    border-top:1px solid #aaaaaa;font-size:14px;line-height:25px;
}
article.usform.usform_left_con ul{width:100%;}
article.usform.usform_left_con ul li{
    width:100%;height:40px;line-height:40px;border-top:1px solid #aaaaaa;
    background:url(../img/icon1.png) no-repeat 50px center;
}
article.usform.usform_left_con ul li a{font-size:14px;margin-left:68px;color:
#000000;}
article.usform.usform_left_con ul li a:hover{color:#8b1919;}
```

2. 右侧用户表单

右侧用户表单应用表单显示并修改用户个人资料，如图 4-42 所示。

图 4-42 右侧用户表单

HTML 代码如下:

```
<div class="usform_right">
    <!-- 表单标题 -->
    <div class="usform_right_title">个人资料</div>
    <!-- 右侧用户表单 -->
    <form name="" action="#" method="post">
        <div class="usform_right_con">
            <ul class="usform_right_l">
                <li>
                    <div class="usform_ul_title">用户名:</div>
                    <div class="usform_ul_input">张三</div>
                </li>
                <li>
                    <div class="usform_ul_title">密码:</div>
                    <div class="usform_ul_input">
                        <input name="pwd" type="password">
                    </div>
                </li>
                <li>
```

```
                <div class = "usform_ul_title">确认密码:</div>
                <div class = "usform_ul_input">
                    <input name = "pwd1" type = "password">
                </div>
            </li>
            <li>
                <div class = "usform_ul_title">E-mail:</div>
                <div class = "usform_ul_input">
                    <input name = "email" type = "text"><i> * </i>
                    <p>(请输入正确的邮箱 带 * 号为必填项)</p>
                </div>
            </li>
            <li>
                <div class = "usform_ul_title">性别:</div>
                <div class = "usform_ul_radio">
                    <input name = "sex" type = "radio" value = "" id = "s1" checked>
                    <label for = "s1">男</label>
                    <input name = "sex" type = "radio" value = "" id = "s2">
                    <label for = "s2">女</label>
                </div>
            </li>
            <li>
                <div class = "usform_ul_title">城市:</div>
                <div class = "usform_ul_input">
                    <select>
                        <option value = "beijing" selected = "selected">北京</op-
tion>
                        <option value = "tianjin">天津</option>
                        <option value = "shanghai">上海</option>
                        <option value = "chongqing">重庆</option>
                    </select>
                </div>
            </li>
            <li>
                <div class = "usform_ul_title">电话:</div>
                <div class = "usform_ul_input">
                    <input name = "" type = "text">
                </div>
            </li>
```

```
                    <li>
                        <div class="usform_ul_title">爱好:</div>
                        <div class="usform_ul_check">
                            <input id="c1" type="checkbox">
                            <label for="c1">音乐</label>
                                <input id="c2" type="checkbox">
                                <label for="c2">阅读</label>
                                <input id="c3" type="checkbox">
                                <label for="c3">绘画</label>
                                <input id="c4" type="checkbox">
                                <label for="c4">运动</label>
                        </div>
                    </li>
                    <li>
                        <div class="usform_ul_title">个人简介:</div>
                        <div class="usform_ul_input">
                            <textarea name="textarea1" rows="5"></textarea>
                        </div>
                    </li>
                    <li >
                        <div class="usform_ul_btn">
                                <input name="" type="submit" value="修改" class=
"btn">
                        </div>
                    </li>
                </ul>
                <div class="usform_right_r">
                        <img src="img/user.jpg" alt="" width="100px" height=
"100px"/>
                    <p>修改头像</p>
                    <p class="f10">(注:头像推荐尺寸为120*120)</p>
                    <input name="" type="file"/>
                    <input name="" type="button" value="上传" class="btn"/>
                </div>
            </div>
        </form>
    </div>
  </div>
</article>
```

设置右侧"用户表单"div 元素（usform_right 类）的宽度、边框、背景色和文本对齐方式等样式；设置"标题"div 元素（usform_right_title 类）、"内容"div 元素（usform_right_con 类）、"左侧"div 元素（usform_right_l 类）、li 元素、表单各元素标题（usform_ul_title 类）、表单各元素、"右侧"div 元素（usform_right_r 类）的样式。CSS 代码如下：

```css
/*设置右侧用户表单样式*/
article.usform.usform_right{
    width:850px;border:1px solid #dddddd;background-color:#ffffff;text-align:
left;
}
/*设置用户表单的标题样式*/
article.usform.usform_right_title{
    display:inline-block;height:40px;line-height:40px;font-size:14px;color:
#8b1919;
    padding:0 20px;border-right:1px solid #dddddd;border-bottom:1px solid #
dddddd;
}
/*设置用户表单的内容样式*/
article.usform.usform_right_con{display:flex;justify-content:space-between;}
/*设置用户表单左侧样式*/
article.usform.usform_right_l{
    width:500px;padding-top:20px;padding-bottom:10px;min-height:417px;/*最小
高度*/
}
/*设置用户表单列表项样式*/
article.usform.usform_right_l li{
    width:100%;margin-bottom:15px;
    display:flex;align-items:flex-start;/*弹性盒子元素垂直方向顶端对齐*/
}
/*设置用户表单各元素标题样式*/
article.usform.usform_ul_title{
    width:160px;height:30px;line-height:30px;text-align:right;font-size:14px;
color:#5e5e5e;
}
/*设置用户表单 input 元素、select 元素、textarea 元素的样式*/
article.usform.usform_ul_input{width:340px;line-height:30px;font-size:14px;
color:#555555;}
article.usform.usform_ul_input input,select,textarea{
    width:300px;height:30px;border:1px solid #dddddd;padding:0 4px;
    font-size:14px;color:#555555;
```

```
    }
    article.usform.usform_ul_input input:hover,select:hover,textarea:hover{
        background-color:rgb(242,242,242);
    }
    article.usform.usform_ul_input p{
        width:100%;height:20px;line-height:20px;font-size:12px;color:#999999;
    }
    /*设置用户表单radio元素、check元素的样式*/
    article.usform.usform_ul_radio,.usform_ul_check{
        height:25px;line-height:25px;margin-top:3px;font-size:14px;color:#555555;
    }
    article.usform.usform_ul_radio input,.usform_ul_check input{
        width:13px;height:13px;margin-left:20px;
    }
    article.usform.usform_ul_input textarea{height:80px;}
    article.usform.usform_ul_btn input{margin-left:120px;}
    /*设置用户表单右侧头像上传部分的整体样式*/
    article.usform.usform_right_r{
        width:180px;text-align:center;margin-right:100px;padding-top:30px;
    }
    /*设置头像下方p标记的样式*/
    article.usform.usform_right_r p{
        width:100%;height:28px;line-height:28px;font-size:14px;color:#656565;
    }
    /*设置头像下方p标记中括号文本的样式*/
    article.usform.usform_right_r.f10{
        height:20px;line-height:20px;font-size:12px;color:#999999;
    }
    /*设置文件域的宽度、字号、文本颜色、外边距*/
    article.usform.usform_right_r input[type='file']{/*属性选择器*/
        width:100%;font-size:12px;color:#5e5e5e;margin-top:20px;margin-bottom:
20px;
    }
```

4.5 思考练习

一、单选题

1. 以下说法正确的是（   ）。

A. table 是表单标记   B. td 代表行

C. tr 代表列　　　　　　　　　　　　D. table 是表格标记

2. （　　　）标记用于使 HTML 文档中表格里的单元格在同行进行合并。

A. cellspacing　　　　　　　　　　　B. cellpadding

C. colspan　　　　　　　　　　　　　D. rowspan

3. 在表单中，实现输入的数字只显示小圆点的类型是（　　　）。

A. text　　　　　B. password　　　　C. radio　　　　　D. checkbox

4. 下列（　　　）表示的不是按钮。

A. type＝"submit"　B. type＝"reset"　C. type＝"select"　D. type＝"button"

5. 在表单中，（　　　）属性用于规定输入字段是必填的。

A. readonly　　　　　B. required　　　　C. validate　　　　D. placeholder

6. 复选框的 type 属性值是（　　　）。

A. checkbox　　　B. radio　　　　C. select　　　　D. check

7. 实现下拉框中多选的属性是（　　　）。

A. pattern　　　　　B. maxlength　　　C. multiple　　　　D. autofocus

8. 以下（　　　）不是颜色的表示方法。

A. 颜色名称　　　B. 十六进制　　　C. RGB　　　　D. font

9. 实现背景图片不跟随鼠标滚动而滚动的属性是（　　　）。

A. background－attachment：fixed；

B. background－attachment：scroll；

C. background－origin：initial；

D. background－clip：initial；

10. 设置主轴方向的弹性盒子元素的对齐方式可以使用（　　　）属性实现。

A. align－content　　　　　　　　B. justify－content

C. align－self　　　　　　　　　　D. align－items

二、多选题

1. 在 form 标记中，属性 method 的值有（　　　）。

A. request　　　　B. get　　　　　C. post　　　　D. 以上都正确

2. 以下（　　　）元素是表单控件元素。

A. <input type＝"text">　　　　　B. <select>

C. <textarea>　　　　　　　　　D. <label>

3. 有关背景的属性包括（　　　）。

A. background－size　　　　　　　B. background－origin

C. text－align　　　　　　　　　　D. background－clip

4. 给 div 元素设置 background：url（"../img/icon-sprite. png"）no-repeat －420px －277px；，以下说法正确的是（　　　）。

A. div 元素有背景图片，并且背景图片放在 img 文件夹中

B. img 文件夹在当前文件的上一层文件夹中

C. 背景图片不重复

D. 背景图片的位置向右移动了 420 px, 向上移动了 277 px

5. 以下 (   ) 属性只属于弹性盒子。

A. flex-shrink   B. flex-grow

C. border   D. margin

三、判断题

1. 在 table 标记中, 用 colspan 属性来实现跨行。(   )

2. label 标记的 for 属性用于设置 label 与哪个表单元素绑定。(   )

3. datalist 标记用于为 input 元素提供 "自动完成" 功能。(   )

4. background-repeat 属性用于设置背景图像的位置。(   )

5. flex-wrap:wrap; 用于设置弹性容器为多行。(   )

4.6　任务拓展

1. 实现 "大国工匠" 项目的 "人物事迹" 页面。页面结构见表 4-15。

表 4-15　"人物事迹" 页面结构

rwsj.html
<html>
<head></head>
<body>
<header></header>文档头部
<nav></nav>导航链接
<article>文档内容
<div class="position"></div>位置导航
<ul class="rwsj_list"></ul>图片列表
<div class="pages"></div>分页
</article>
<footer></footer>文档底部
</body>
</html>

"人物事迹"页面效果如图4-43所示。

图4-43 "人物事迹"页面效果

2. 实现"大国工匠"项目的"工匠精神"页面。页面结构见表4-16。

表4-16 "工匠精神"页面结构

gjjs. html
\<html\>
\<head\>\</head\>
\<body\>
\<header\>\</header\>文档头部
\<nav\>\</nav\>导航链接
\<article\>文档内容
\<div class="position"\>\</div\>位置导航

续表

gjjs. html
<div class="gjjs_top">工匠精神上部
<div class="gjjs_con">

<div class="gjjs_con_l"></div>左侧文本	<div class="gjjs_con_r"></div>右侧图片

</div>
</div>
<div class="gjjs_bottom"></div>工匠精神下部
</article>
<footer></footer>文档底部
</body>
</html>

"工匠精神"页面效果如图 4-44 所示。

图 4-44 "工匠精神"页面效果

项目 5
企业网站开发

知识目标

1. 掌握弹性盒子的应用。
2. 掌握 HTML 文字、段落、图片、超链接、列表、表格和表单的使用方法。
3. 掌握 CSS 显示和尺寸、字体和文本、边框和轮廓、边距和填充、颜色和背景等属性设置的方法。

技能目标

1. 具备应用弹性盒子进行网页布局的能力。
2. 具备应用 HTML 控件创建网页的能力。
3. 具备应用 CSS 样式表美化网页的能力。

素质目标

1. 培养 Web 前端开发工程师良好的"编码习惯"。
2. 培养 Web 前端开发工程师"沟通表达"能力。
3. 培养 Web 前端开发工程师"团队合作"能力。
4. 培养 Web 前端开发工程师的"责任心"和"学习能力"。

5.1 项目介绍

某软件公司承接了一个项目——"汇蓝集团"企业网站开发,要求完成网站首页、列表页和内容页 3 个页面的模板设计。在项目开发过程中,要求体现 Web 前端开发工程师良好的编码习惯、沟通表达能力和团队合作能力。"网页设计"小组设计了网页效果图,如图 5-1~图 5-3 所示。"网页制作"小组将运用 HTML 和 CSS 技术完成网页的制作。

图 5-1　网站首页

图 5-2　列表页

图 5-3　内容页

5.2 项目分析

"企业网站开发"项目应用 HTML 和 CSS 技术，由"公共部分"设计与实现、"首页"设计与实现、"列表页"设计与实现和"内容页"设计与实现 4 个工作任务组成，如图 5-4 所示。

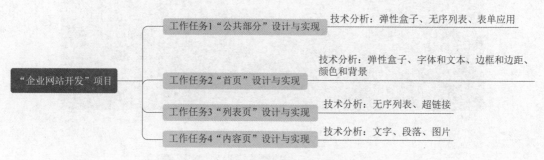

图 5-4 "企业网站开发"项目分析

网站首页是网站的入口网页，包含所有栏目的链接和主体内容，便于用户理解网站功能并快速找到自己感兴趣的内容；列表页展示网站各栏目的内容列表；内容页展示每篇文章的具体内容。有了网站首页、列表页和内容页的模板，就可以方便地开发网站所有页面。

本项目通过弹性盒子进行网页布局；通过无序列表实现导航链接和新闻列表；通过文字、段落、图片、超链接和表单构成页面内容；通过字体和文本、颜色和背景、边框和边距实现页面美化。

5.3 项目实施

"企业网站开发"网站结构如图 5-5 所示。

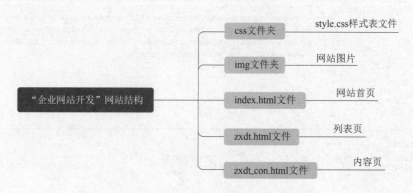

图 5-5 "企业网站开发"网站结构

工作任务 1 "公共部分"设计与实现

"企业网站开发"的公共部分由文档头部、导航链接、banner 图片和文档底部组成。"公共部分"的页面结构见表 5-1。"公共部分"的页面效果如图 5-6 所示。

表 5-1 "公共部分"页面结构

公共部分		
<html>		
<head></head>		
<body>		
<header>文档头部		
<div class="header">		
<div class="header_left"></div>欢迎词		<div class="header_right"></div>搜索表单
</div>		
</header>		
<nav>导航链接		
<div class="nav_con">		
<div class="logo"></div>logo 图片		<div class="nav"></div>导航链接
</div>		
</nav>		
<div class="banner"></div>banner 图片		
<article></article>文档内容		
<footer>文档底部		
<div class="footer_left"></div>左侧	<div class="footer_center"></div>中间	<div class="footer_right"></div>右侧
<div class="copyright"></div>版权信息		
</footer>		
</body>		
</html>		

图5-6 "公共部分"页面效果

1. head 区

head 区定义了字符编码、关键词、描述、网页标题、链入外部样式表文件。HTML 代码
如下：

```
<head>
    <! -- 定义字符编码 -->
    <meta charset="UTF-8">
    <! -- 定义关键词 -->
    <meta name="keywords"content="汇蓝集团">
    <! -- 定义描述 -->
    <meta name="description"content="汇蓝集团欢迎您">
    <! -- 设置网页标题 -->
    <title>汇蓝集团</title>
    <! -- 链入外部样式表文件 -->
    <link href="css/style.css"type="text/css"rel="stylesheet"/>
</head>
```

2. 文档头部

文档头部由左侧的欢迎词和右侧的用户表单组成，如图5-7所示。

图 5-7　文档头部

HTML 代码如下：

```
<header>
    <div class="header">
        <!-- 左侧欢迎词 -->
        <div class="header_left">汇蓝集团欢迎您！</div>
        <!-- 右侧用户表单 -->
        <div class="header_right">
            <form action="#"method="get">
                <input type="search"class="txt"value=""name="search_key-
word"/>
                <input type="submit"class="submit"value=""/>
            </form>
            <a href="#">网站地图</a>|<a href="#">在线留言</a>
        </div>
    </div>
</header>
```

设置 CSS 公共样式为网页所有元素外边距和内边距均为 0；设置网页的字体、超链接和列表修饰等样式。CSS 代码如下：

```
/*公共样式*/
*{ margin:0;padding:0;}
body{ font-family:"微软雅黑";}
a{ text-decoration:none;/*去掉超链接下划线修饰*/}
ul,li{ list-style:none;/*去掉列表样式修饰*/}
```

设置"文档头部"header 元素的宽度、高度和背景色等样式。设置 div 元素（header类）的宽度、高度、行高、外边距、文本颜色和字号等样式，定义为弹性盒子，div 元素（header_left 类）和 div 元素（header_right 类）作为弹性子元素，设置为水平方向两端对齐。CSS 代码如下：

```
header{width:100% ;height:38px;background-color:#161616;}
header.header{
    width:1120px;height:38px;line-height:38px;margin:0 auto;color:#ffffff;
    font-size:13px;display:flex;/*定义弹性盒子*/justify-content:space-be-
tween;
}
```

　　设置右侧"用户表单"部分的 form 表单元素的宽度、高度、显示为行内块元素、外边距和背景图片等样式;设置搜索框和提交按钮的宽度、高度、外边距、边框、轮廓、背景色、垂直对齐方式和鼠标指针等样式;设置超链接显示为行内块元素、内边距和文本颜色等样式。CSS 代码如下:

```css
header form{
    width:198px;height:38px;display:inline-block;margin-right:10px;
    background:url(../img/formbg.png) no-repeat left center;
}
header.txt{
    width:150px;height:25px;margin-left:10px;border:0;outline:0;
    background-color:transparent;vertical-align:middle;
}
header.submit{
    width:20px;height:25px;margin-left:0;border:0;outline:0;
    background-color:transparent;vertical-align:middle;cursor:pointer;
}
header a{display:inline-block;padding:0 6px;color:#ffffff;}
header a:hover{color:#cccccc;}
```

3. 导航链接

导航链接由左侧的 logo 图片和右侧的导航链接组成,如图 5-8 所示。

 　　网站首页　资讯动态　产品案例　服务范围　荣誉资质　企业文化　会员中心　关于我们

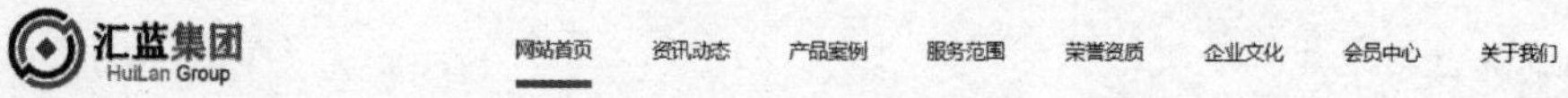

图 5-8　导航链接

HTML 代码如下:

```html
<nav>
    <div class="nav_con">
        <! -- 左侧 logo 图片  -->
        <div class="logo">
            <a href="index.html"title="汇蓝集团">
                <img src="img/logo.png"alt=""width="175px">
            </a>
        </div>
        <! -- 右侧导航链接  -->
        <div class="nav">
```

```
            <ul>
                <li><a href="index.html"class="current">网站首页</a></li>
                <li><a href="zxdt.html">资讯动态</a></li>
                <li><a href="cpal.html">产品案例</a></li>
                <li><a href="fwff.html">服务范围</a></li>
                <li><a href="ryzz.html">荣誉资质</a></li>
                <li><a href="qywh.html">企业文化</a></li>
                <li><a href="hyzx.html">会员中心</a></li>
                <li><a href="gywm.html">关于我们</a></li>
            </ul>
        </div>
    </div>
</nav>
```

设置"导航链接" nav 元素的宽度和水平居中对齐的样式；div 元素（nav_con 类）定义为弹性盒子，div 元素（logo 类）和 div 元素（nav 类）作为弹性子元素，设置为水平方向两端对齐。CSS 代码如下：

```
nav{width:1120px;margin:0 auto;}
nav.nav_con {width: 100%; display: flex; justify-content: space-between;}
```

设置左侧"logo 图片"部分的 div 元素（logo 类）宽度和对齐方式等样式；设置右侧"导航链接"部分的 div 元素（nav 类）的宽度样式；设置右侧无序列表 ul 元素的宽度、高度和行高等样式，定义为弹性盒子，列表项 li 元素作为弹性子元素，设置为水平方向两端对齐；设置超链接为行内块元素、字号和颜色等样式；设置超链接鼠标悬停和当前栏目的文本颜色、文本粗细、背景图片等样式。CSS 代码如下：

```
nav.logo{width:200px;margin-top:30px;}
nav.nav{width:750px;}
nav ul{
    width:100%;height:120px;line-height:120px;display:flex;justify-content:
space-between;
}
nav ul li a{display:inline-block;font-size:14px;color:#030303;}
nav ul li a:hover,.nav li.current{
    color:rgb(230,0,18);font-weight:bold;
    background:url(../img/bg01.png) no-repeat center 70%;
}
```

4. banner 图片

banner 图片由 img 元素组成，每个栏目的 banner 图片各不相同，如图 5-9 所示。

图 5-9   banner 图片

HTML 代码如下：

```
<div class="banner">
    <img src="img/banner1.png"alt=""width="1900px"height="480px"/>
</div>
```

设置"banner 图片"div 元素（banner 类）的宽度和水平对齐方式等样式。CSS 代码如下：

```
.banner{width:100%;text-align:center;}
```

5. 文档底部

文档底部由快速导航、logo 图片、联系我们和版权信息组成，如图 5-10 所示。

图 5-10   文档底部

HTML 代码如下：

```
<footer>
    <div class="footer_con">
        <!--  左侧快速导航   -->
        <div class="footer_left">
            <h2>快速导航</h2>
            <ul>
                <li><a href="index.html">网站首页</a></li>
                <li><a href="zxdt.html">资讯动态</a></li>
```

```
                    <li><a href="cpal.html">产品案例</a></li>
                    <li><a href="fwff.html">服务范围</a></li>
                    <li><a href="ryzz.html">荣誉资质</a></li>
                    <li><a href="qywh.html">企业文化</a></li>
                    <li><a href="hyzx.html">会员中心</a></li>
                    <li><a href="gywm.html">关于我们</a></li>
                </ul>
            </div>
            <!-- 中间 logo 图片 -->
            <div class="footer_center">
                <a href="index.html">
                    <img src="img/logo1.png"width="240"alt=""title="汇蓝集团">
                </a>
            </div>
            <!-- 右侧联系我们 -->
            <div class="footer_right">
                <h2>联系我们</h2>
                <p class="p1">电话/Tel:010-××××0001</p>
                <p class="p2">手机/phone:1931452××××</p>
                <p class="p3">公司总部:汇金大厦6栋6楼××××</p>
            </div>
        </div>
        <!-- 底部版权信息 -->
        <div class="copyright">
            Copyright 2023 &copy;汇蓝集团 All rights reserved.
        </div>
    </footer>
```

设置"文档底部"footer 元素的宽度、背景色、文本颜色、上边框和外边距等样式；设置 div 元素（footer_con 类）的宽度、水平居中样式，定义为弹性盒子，设置其子元素水平方向两端对齐。CSS 代码如下：

```
footer{
    width:100%;background-color:#f4f4f4;color:#000000;
    border-top:3px solid #c13332;margin-top:60px;
}
footer.footer_con{width:1120px;margin:0 auto;display:flex;\justify-content:
space-between;}
```

设置左侧"快速导航"部分的 div 元素（footer_left 类）的宽度和外边距等样式；设置 h2 元素的字号、文本粗细和内边距等样式；设置无序列表 ul 元素为弹性盒子，列表项 li 元素作为弹性子元素，设置为水平方向两端对齐，自动换行；设置 li 和 a 元素的宽度、行高、字号和 文本颜色等样式。CSS 代码如下：

```
footer.footer_left{width:330px;margin-top:30px;}
footer h2{font-size:14px;font-weight:600;padding-bottom:14px;}
footer.footer_left ul{display:flex;justify-content:space-between;flex-wrap:
wrap;}
footer.footer_left ul li{width:80px;line-height:28px;font-size:13px;}
footer.footer_left ul li a{color:#000000;}
footer.footer_left ul li a:hover{color:#aaaaaa;}
```

设置中间"logo 图片"部分的 div 元素（footer_center 类）的宽度、外边距、内边距、水平对齐方式和边框等样式。CSS 代码如下：

```
footer.footer_center {
    width: 430px; margin-top: 20px; margin-bottom: 20px; padding-top: 30px;
    padding-bottom: 30px; text-align: center; border-left: 1px solid #cecece;
    border-right: 1px solid #cecece;
}
```

设置右侧"联系我们"部分的 div 元素（footer_right 类）的宽度、外边距和内边距等样式；设置 p 元素的行高、字号、内边距和背景图片等样式。CSS 代码如下：

```
footer.footer_right{width:280px;margin-top:30px;padding-left:50px;}
footer.footer_right p{line-height:26px;font-size:13px;padding-left:20px;}
footer.footer_right.p1{background:url(../img/icon06.jpg) no-repeat left cen-
ter;}
footer.footer_right.p2{background:url(../img/icon07.jpg) no-repeat left cen-
ter;}
footer.footer_right.p3{background:url(../img/icon08.jpg) no-repeat left cen-
ter;}
```

设置底部"版权信息"部分的 div 元素（copyright 类）的宽度、高度、行高、文本颜色、字号、背景色和水平对齐方式等样式。CSS 代码如下：

```
footer.copyright {
    width:100% ;height:50px;line-height:50px;color:#ffffff;font-size:13px;
    background-color:rgb(41,74,90);text-align:center;
}
```

工作任务 2 **"首页"设计与实现**

"企业网站开发"的首页由公共部分、快速导航、新闻列表、产品案例、企业文化和合作伙伴组成。

"首页"的页面结构见表 5-2。"首页"的页面效果如图 5-1 所示。

表 5-2　"首页"页面结构

index. html		
<html>		
<head></head>		
<body>		
公共部分：<header></header>文档头部		
公共部分：<nav></nav>导航链接		
公共部分：<div class="banner"></div>banner 图片		
<article>文档内容		
<div class="content1"></div>快速导航		
<div class="content2">新闻列表		
<div class="content2_con">		
<div class="content2_left"> </div>左侧新闻图片	<div class="content2_center"> </div>中间集团动态	<div class="content2_right"> </div>右侧通知公告
</div>		
</div>		
<div class="content3">产品案例		
<div class="content3_titile"></div>标题		
<div class="content3_cpal"></div>内容		
<div class="content3_more"></div>更多		
</div>		
<div class="content4">企业文化		
<div class="content3_titile"></div>标题		
<div class="content4_bg"></div>内容		
</div>		
<div class="content5">合作伙伴		
<div class="content3_titile"></div>标题		
<ul></ul>内容		
</div>		
</article>		
公共部分：<footer></footer>文档底部		
</body>		
</html>		

1. 快速导航

快速导航由无序列表组成，每个列表项包含一个超链接，如图 5-11 所示。

资讯动态　　　产品案例　　　服务范围　　　荣誉资质　　　企业文化　　　关于我们

图 5-11　快速导航

HTML 代码如下：

```html
<article>
    <div class="content1">
        <ul>
            <li><a href="zxdt.html"class="a_1">资讯动态</a></li>
            <li><a href="cpal.html"class="a_2">产品案例</a></li>
            <li><a href="fwff.html"class="a_3">服务范围</a></li>
            <li><a href="ryzz.html"class="a_4">荣誉资质</a></li>
            <li><a href="qywh.html"class="a_5">企业文化</a></li>
            <li><a href="gywm.html"class="a_6">关于我们</a></li>
        </ul>
    </div>
```

设置"文档内容"article 元素的宽度样式；设置 div 元素（content1 类）的宽度、水平居中和外边距等样式。CSS 代码如下：

```css
article{width:100%;}
article.content1{width:1120px;margin:0 auto;margin-top:40px;}
```

设置"快速导航"部分的 ul 元素的宽度样式，定义为弹性盒子，列表项 li 元素作为弹性子元素，设置为水平方向两端对齐；设置 a 元素的行内块元素、宽度、内边距、文本颜色、字号和文本居中对齐等样式；设置每个 a 元素的背景图片、背景尺寸和鼠标悬停等样式。CSS 代码如下：

```css
article.content1 ul{width:100%;display:flex;justify-content:space-between;}
article.content1 ul li a{
    display:inline-block;width:101px;padding-top:110px;color:#3d3d3d;
    font-size:14px;text-align:center;
}
article.content1 ul li.a_1{
    background:url(../img/zxdt.png) no-repeat center top;background-size:90px;
}
article.content1 ul li.a_2{
```

```
        background:url(../img/cpal.png) no-repeat center top;background-size:90px;
    }
    article.content1 ul li.a_3{
        background:url(../img/fwfw.png) no-repeat center top;background-size:90px;
    }
    article.content1 ul li.a_4{
        background:url(../img/ryzz.png) no-repeat center top;background-size:90px;
    }
    article.content1 ul li.a_5{
        background:url(../img/qywh.png) no-repeat center top;background-size:90px;
    }
    article.content1 ul li.a_6{
        background:url(../img/gywm.png) no-repeat center top;background-size:90px;
    }
    article.content1 ul li.a_1:hover{
        background: url (../ img / zxdt _ 1.png ) no - repeat center top; background -
size:90px;
    }
    article.content1 ul li.a_2:hover{
        background: url (../ img / cpal _ 1.png ) no - repeat center top; background -
size:90px;
    }
    article.content1 ul li.a_3:hover{
        background: url (../ img / fwfw _ 1.png ) no - repeat center top; background -
size:90px;
    }
    article.content1 ul li.a_4:hover{
        background: url (../ img / ryzz _ 1.png ) no - repeat center top; background -
size:90px;
    }
    article.content1 ul li.a_5:hover{
        background: url (../ img / qywh _ 1.png ) no - repeat center top; background -
size:90px;
    }
    article.content1 ul li.a_6:hover{
        background: url (../ img / gywm _ 1.png ) no - repeat center top; background -
size:90px;
    }
    article.content1 ul li a:hover{color:rgb(41,74,90);font-weight:bold;}
```

2. 新闻列表

新闻列表由新闻图片、集团动态和通知公告组成，如图 5-12 所示。

图 5-12 新闻列表

HTML 代码如下：

```
<div class="content2">
    <div class="content2_con">
        <!-- 左侧新闻图片 -->
        <div class="content2_left">
            <img src="img/xwtp.jpg"width="350px"alt=""/>
        </div>
        <!-- 中间集团动态 -->
        <div class="content2_center">
            <div class="content2_title">
                <h2>
                    <span class="bold">集团</span>动态
                    <span class="english">Information dynamics</span>
                </h2>
                <a href="zxdt.html"class="more">更多</a>
            </div>
            <div class="content2_jtdt">
                <ul>
                    <li>
                        <a href="zxdt_con.html">调整企业经营战略,促进企业良性发展!
</a>
                        <span>[2022-08-24]</span>
                    </li>
                    <li>
                        <a href="#">企业经营战略管理的概念和特点</a>
                        <span>[2022-08-23]</span>
                    </li>
```

```
        <li>
            <a href = "#">企业经营战略管理的控制</a>
            <span>[2022-08-22]</span>
        </li>
        <li>
            <a href = "#">企业经营战略产生的背景</a>
            <span>[2022-08-21]</span>
        </li>
        <li>
            <a href = "#">企业经营战略管理的必要性</a>
            <span>[2022-08-20]</span>
        </li>
        <li>
            <a href = "#">企业经营战略管理的地位</a>
            <span>[2022-08-19]</span>
        </li>
        <li>
            <a href = "#">企业经营战略管理的作用</a>
            <span>[2022-08-18]</span>
        </li>
        <li>
            <a href = "#">企业经营战略管理的内容</a>
            <span>[2022-08-17]</span>
        </li>
    </ul>
</div>
</div>
<! -- 右侧通知公告 -->
<div class = "content2_right">
    <div class = "content2_title">
        <h2>
            <span class = "bold">通知</span>公告
            <span class = "english">Notice</span>
        </h2>
        <a href = "zxdt.html"class = "more">更多</a>
    </div>
    <div class = "content2_jtdt">
        <ul>
            <li>
```

```
                          <a href = "zxdt_con.html">调整企业经营战略,促进企业良性发展!
</a>
                          <span>[2022-08-24]</span>
                     </li>
                     <li>
                          <a href = "#">企业经营战略管理的战略实施</a>
                          <span>[2022-08-16]</span>
                     </li>
                     <li>
                          <a href = "#">企业经营战略的分类方式</a>
                          <span>[2022-08-15]</span>
                     </li>
                     <li>
                          <a href = "#">大型企业的经营战略</a>
                          <span>[2022-08-14]</span>
                     </li>
                     <li>
                          <a href = "#">企业的总体战略和职能战略</a>
                          <span>[2022-08-13]</span>
                     </li>
                     <li>
                          <a href = "#">企业的稳定战略</a>
                          <span>[2022-08-12]</span>
                     </li>
                     <li>
                          <a href = "#">企业的发展战略和紧缩战略</a>
                          <span>[2022-08-11]</span>
                     </li>
                     <li>
                          <a href = "#">企业的文化战略</a>
                          <span>[2022-08-10]</span>
                     </li>
                </ul>
           </div>
        </div>
     </div>
  </div>
```

设置"新闻列表"div元素(content2类)的宽度、外边距和背景色等样式；设置div
元素(content2_con类)的宽度、外边距和内边距等样式，定义为弹性盒子，设置其子元素水平方向两端对齐；设置左侧"新闻图片"部分的 div 元素（content2_left 类）的宽度样式；设置中间"集团动态"部分的 div 元素（content2_center 类）的宽度样式；设置右侧"通知公告"部分的 div 元素（content2_right 类）的宽度样式。CSS 代码如下：

```
article.content2{width:100%;margin-top:40px;background-color:#f4f4f4;}
article.content2_con {
    width: 1120px; margin: 0 auto; padding: 25px 0; display: flex; justify-con-
tent: space-between;
}
article.content2_left {width: 350px;}
article.content2_center {width: 350px;}
article.content2_right {width: 350px;}
```

设置"新闻标题"部分的 div 元素（content2_title 类）的宽度样式，定义为弹性盒子，设置其子元素水平方向两端对齐；设置 h2 元素的字号、文本颜色、正常粗细、背景图片和内边距等样式；设置 span 元素（bold 类）的加粗样式；设置 span 元素（english 类）的字体、字号、文本颜色、大写字母和内边距等样式；设置 a 元素（more 类）的行内块元素、背景图片、内边距、字号、文本颜色、外边距和鼠标悬停等样式。

设置"新闻列表"部分的 div 元素（content2_jtdt 类）的宽度和外边距等样式；设置 li 元素的高度、行高、下边框、内边距、背景图片、字号和文本颜色等样式，定义为弹性盒子，设置其子元素水平方向两端对齐；设置 a 元素为行内块元素，并设置文本颜色和鼠标悬停等样式；设置 span 元素为行内块元素。CSS 代码如下：

```
article.content2_title{width:100%;display:flex;justify-content:space-be-
tween;}
article.content2_title h2{
    font-size:18px;color:#434343;font-weight:normal;
    background:url(../img/icon01.png) no-repeat left center;padding-left:25px;
}
article.bold{font-weight:bold;}
article.english{
    font-family:Arial;font-size:12px;color:#a3a3a3;text-transform:uppercase;
padding-left:5px;
}
article a.more{
    display:inline-block;background:url(../img/icon02.png) no-repeat right
center;
    padding-right:14px;font-size:12px;color:#434343;margin-top:6px;
}
article a:hover{color:#aaaaaa;}
```

```
article.content2_jtdt{width:100%;margin-top:20px;}
article.content2_jtdt li{
    height:31px;line-height:31px;border-bottom:1px dashed #bebebe;padding-
left:18px;
    background:url(../img/icon03.png) no-repeat 4px center;font-size:13px;col-
or:#434343;
    display:flex;justify-content:space-between;
}
article.content2_jtdt li a{display:inline-block;color:#434343;}
article.content2_jtdt li a:hover{color:#aaaaaa;}
article.content2_jtdt li span{display:inline-block;}
```

3. 产品案例

产品案例由标题、内容和查看更多组成，如图 5-13 所示。

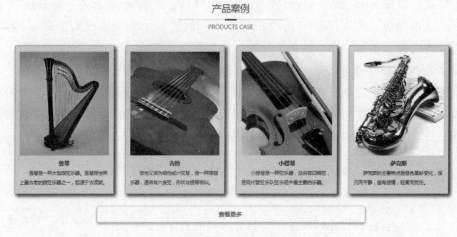

图 5-13　产品案例

HTML 代码如下：

```
<div class="content3">
    <!-- 案例标题 -->
    <div class="content3_titile">
        <h1>产品案例</h1>
        <p>PRODUCTS CASE</p>
    </div>
    <!-- 案例内容 -->
    <div class="content3_cpal">
        <div class="content3_con">
            <a href="#">
```

```
                <img src="img/shuqin.jpg"alt=""width="231px"height="260px"/>
                <h3>竖琴</h3>
                <p>竖琴是一种大型拨弦乐器。竖琴是世界上最古老的拨弦乐器之一,起源于古波
斯。</p>
            </a>
        </div>
        <div class="content3_con">
            <a href="#">
                <img src="img/jita.jpg"alt=""width="231px"height="260px"/>
                <h3>吉他</h3>
                <p>吉他又译为结他或六弦琴,是一种弹拨乐器,通常有六条弦,形状与提琴相似。
</p>
            </a>
        </div>
        <div class="content3_con">
            <a href="#">
                <img src="img/xiaotiqin.jpg" alt="" width="231px" height=
"260px"/>
                <h3>小提琴</h3>
                <p>小提琴是一种弦乐器,总共有四根弦,是现代管弦乐队弦乐组中最主要的乐器。
</p>
            </a>
        </div>
        <div class="content3_con">
            <a href="#">
                <img src="img/sakesi.jpg"alt=""width="231px"height="260px"/>
                <h3>萨克斯</h3>
                <p>萨克斯的主要特点是音色美妙变化,深沉而平静,富有感情,轻柔而忧伤。</p>
            </a>
        </div>
    </div>
    <!-- 查看更多  -->
    <div class="content3_more">
        <a href="cpal.html">查看更多</a>
    </div>
</div>
```

设置“产品案例”div 元素（content3 类）的宽度、水平居中对齐和外边距等样式。
CSS 代码如下：

```
article.content3{width:1120px;margin:0 auto;margin-top:40px;}
```

设置"案例标题"部分的 div 元素（content3_title 类）的文本水平居中和外边距等样式；设置 h1 元素的字号、文本颜色、文本粗细、背景图片和内边距等样式；设置 p 元素的字号、行高、文本颜色和全部字母大写等样式。CSS 代码如下：

```
article.content3_titile{text-align:center;margin-bottom:30px;}
article.content3_titile h1{
    font-size:24px;color:#dd1a04;font-weight:normal;
    background:url(../img/icon04.jpg) no-repeat center bottom;padding-
bottom:16px;
    }
article.content3_titile p{
    font-size:14px;line-height:32px;color:#9c9897;text-transform:uppercase;
    }
```

设置"案例内容"部分的 div 元素（content3_cpal 类）的宽度，定义为弹性盒子，设置其子元素水平方向两端对齐；设置 div 元素（content3_con 类）的宽度、内边距、背景色、边框和阴影等样式；设置 a 元素的字号、文本颜色和行高等样式；设置 h3 元素的文本水平居中对齐；设置 p 元素首行缩进 2 个字符；设置 div 元素（content3_con 类）和 a 元素的鼠标悬停样式。

```
article.content3_cpal{width:100%;display:flex;justify-content:space-be-
tween;}
article.content3_con{
    width:231px;padding:15px 12px;background-color:#e7e7e5;border:1px solid
#b5b4b4;
    box-shadow:4px 4px 8px #48494b;/*阴影*/
    }
article.content3_con a{font-size:12px;color:#434343;line-height:24px;}
article.content3_con h3{text-align:center;}
article.content3_con p{text-indent:2em;}
article.content3_con:hover{background-color:rgb(41,74,90);border:1px solid
#1f292f;}
article.content3_con a:hover{color:#ffffff;}
```

设置"查看更多"部分的 a 元素的块状显示、宽度、高度、行高、水平居中、外边距、文本颜色、字号、文本尺寸、边框、圆角矩形和阴影等样式；设置 a 元素的鼠标悬停样式。

```
article.content3_more a{
    display:block;width:690px;height:40px;line-height:40px;text-align:center;
```

```
    margin:0 auto;margin-top:30px;color:#333333;font-size:15px;border:1px sol-
id #ccc;
    border-radius:6px;box-shadow:0px 3px 5px 1px #ccc;
  }
  article.content3_more a:hover{color:#aaaaaa;}
```

4. 企业文化

企业文化由标题和内容组成，如图 5-14 所示。

图 5-14　企业文化

HTML 代码如下：

```
<div class="content4">
    <!-- 文化标题 -->
    <div class="content3_titile">
        <h1>企业文化</h1>
        <p>corporate culture</p>
    </div>
    <!-- 文化内容 -->
    <div class="content4_bg">
        <div class="content4_qywh">
         
            <div class="content4_con">
                <div class="content4_con_l">
                    <h3><a href="qywh.html">汇蓝集团</a></h3>
                    <p><a href="qywh.html">企业文化是在一定的条件下,企业生产经营和管
理活动中所创造的具有该企业特色的精神财富和物质形态。它包括企业愿景、文化观念、价值观念、企业精
神、道德规范、行为准则、历史传统、企业制度、文化环境、企业产品等。其中价值观是企业文化的核心。</a>
</p>
                </div>
                <div class="content4_con_r">
```

```
                    <a href="qywh.html"><img src="img/qywh1.png"width="300px">
</a>
                </div>
            </div>
        </div>
    </div>
```

设置"企业文化"div 元素（content4 类）的外边距样式。CSS 代码如下：

```
article.content4{margin-top:40px;}
```

"文化标题"div 元素（content3_titile 类）样式与"案例标题"样式一致。

设置"文化内容"部分的 div 元素（content4_bg 类）的宽度、外边距、内边距和背景色等样式；设置 div 元素（content4_qywh 类）的宽度、外边距和背景图片等样式；设置 div 元素（content4_con 类）的宽度、内边距、外边距和背景色等样式，定义为弹性盒子，设置其子元素水平方向两端对齐；设置 a 元素、h3 元素和 p 元素的样式。CSS 代码如下：

```
article.content4_bg{
    width:100% ;margin-top:30px;padding-top:20px;padding-bottom:20px;
    background-color:#f4f4f4;
}
article.content4_qywh{
    width:1120px;margin:10px auto;
    background:url(../img/qywh2.png) no-repeat top left;background-size:500px;
}
article.content4_con{
    width:800px;padding:20px 15px;margin:80px 0 0 290px;background:rgba(226,
228,228,0.8);
    display:flex;justify-content:space-between;
}
article.content4_con a{color:#000000;}
article.content4_con a:hover{color:#aaaaaa;}
article.content4_con h3{
    text-align:center;margin-top:10px;margin-bottom:10px;font-weight:500;
}
article.content4_con p{text-indent:2em;margin-right:25px;line-height:26px;
font-size:12px;}
```

5. 合作伙伴

合作伙伴由标题和无序列表组成，如图 5-15 所示。

图 5-15　合作伙伴

HTML 代码如下：

```html
<div class = "content5">
    <! -- 伙伴标题   -->
    <div class = "content3_titile">
        <h1>合作伙伴</h1>
        <p>PARTNER</p>
    </div>
    <! -- 伙伴内容   -->
    <ul>
        <li>
            <a href = "#"target = "_blank">
                森阳集团<span>HTTP://WWW.BAIDU.COM</span>
            </a>
        </li>
        <li>
            <a href = "#"target = "_blank">
                志禾公司<span>HTTP://WWW.BAIDU.COM</span>
            </a>
        </li>
        <li>
            <a href = "#"target = "_blank">
                联美集团<span>HTTP://WWW.BAIDU.COM</span>
            </a>
        </li>
        <li>
            <a href = "#"target = "_blank">
                欧格公司<span>HTTP://WWW.BAIDU.COM</span>
            </a>
        </li>
        <li>
            <a href = "#"target = "_blank">
                企业事务网<span>HTTP://WWW.BAIDU.COM</span>
            </a>
```

```
        </li>
    </ul>
</div>
```

设置"合作伙伴"div 元素（content5 类）的宽度、水平居中和外边距等样式。CSS 代码如下：

```
article.content5{width:1120px;margin:0 auto;margin-top:40px;}
```

"伙伴标题"div 元素（content3_titile 类）样式与"案例标题"样式一致。

设置"伙伴内容"部分的 ul 元素的宽度样式，定义为弹性盒子，设置其子元素水平方向两端对齐；设置 li 元素的宽度、内容水平居中对齐、边框、阴影、内边距和鼠标悬停等样式；设置 a 元素的字号、文本颜色和文本粗细等样式；设置 span 元素显示为块元素、文本水平居中对齐、全部为大写字母、字号、透明度和文本粗细等样式。CSS 代码如下：

```
article.content5 ul{width:100%;display:flex;justify-content:space-between;}
article.content5 ul li{
    width:196px;text-align:center;border:1px solid #ccc;
    box-shadow:4px 4px 8px #48494b;padding:10px 0;
}
article.content5 ul li a{font-size:16px;color:#3b3b3b;font-weight:bold;}
article.content5 ul li span{
    display:block;text-align:center;text-transform:uppercase;font-size:11px;
    opacity:0.67;font-weight:normal;
}
article.content5 ul li:hover a{color:#ffffff;}
article.content5 ul li:hover{background-color:rgb(63,137,163);}
```

工作任务 3 "列表页"设计与实现

"企业网站开发"的列表页由公共部分、位置信息和新闻列表组成。

"列表页"的页面结构见表 5-3。"列表页"的页面效果如图 5-2 所示。

表 5-3 "列表页"页面结构

zxdt. html
\<html\>
\<head\>\</head\>
\<body\>
公共部分：\<header\>\</header\>文档头部
公共部分：\<nav\>\</nav\>导航链接

续表

zxdt. html
公共部分：<div class="banner"></div>banner 图片
<article>文档内容
<div class="zxdt_con1"></div>位置信息
<div class="zxdt_list">新闻列表

<div class="zxdt_list_left"></div> 左侧二级栏目	<div class="zxdt_list_right"></div> 右侧新闻列表

</div>
</article>
公共部分：<footer></footer>文档底部
</body>
</html>

1. 位置信息

位置信息由超链接组成，如图 5-16 所示。

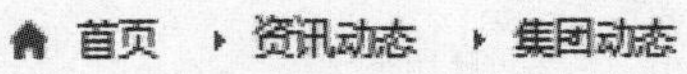

🏠 **首页** ▸ **资讯动态** ▸ **集团动态**

图 5-16 位置信息

HTML 代码如下：

```
<article>
    <!-- 位置信息 -->
    <div class="zxdt_con1">
        <div class="location">
            <a class="icon09" href="index.html">首页</a>
            <a class="icon10" href="zxdt.html">资讯动态</a>
            <a class="icon10" href="zxdt.html">集团动态</a></p>
        </div>
    </div>
```

设置"位置信息"div 元素（zxdt_con1 类）的宽度、高度、行高和边框等样式；设置 div 元素（location 类）的宽度、水平居中和文本右对齐等样式；设置 a 元素的文本颜色、字号、外边距、内边距、背景图片和鼠标悬停等样式。CSS 代码如下：

```
article.zxdt_con1 {width: 100%; height: 46px; line-height: 46px; border-bot-
tom: 1px solid #eaeaea;}
```

```
article.zxdt_con1.location{width:1120px;margin:0 auto;text-align:right;}
article.zxdt_con1 a{color:#666666;font-size:12px;}
article.zxdt_con1 a.icon09{
    padding-left:20px;background:url(../img/icon09.gif) no-repeat 0 center;
}
article.zxdt_con1 a.icon10{
    margin-left:12px;padding-left:12px;background:url(../img/icon10.gif) no-
repeat 0 center;
}
article.zxdt_con1 a: hover {color: #aaaaaa;}
```

2. 左侧二级栏目

左侧二级栏目由栏目标题、栏目列表和联系我们组成，如图 5-17 所示。

图 5-17　左侧二级栏目

HTML 代码如下：

```
<! -- 定义新闻列表  -->
<div class="zxdt_list">
    <! -- 左侧二级栏目  -->
    <div class="zxdt_list_left">
        <! -- 栏目标题  -->
        <h1>
            <span class="h1_title">资讯动态</span>
```

```
            <span class="h1_eng">NEWS</span>
        </h1>
        <!-- 栏目列表   -->
        <ul>
            <li><a href="zxdt.html"class="zxdt_current">集团动态</a></li>
            <li><a href="zxdt.html">通知公告</a></li>
            <li><a href="zxdt.html">招标公告</a></li>
        </ul>
        <!-- 联系我们   -->
        <h2>
            <span class="h2_title">联系我们</span>
            <span class="h2_eng">Contact Us</span>
        </h2>
        <div class="h2_con">
            <p>汇蓝集团有限公司</p>
            <p>地址:汇金大厦 6 栋 6 楼××××</p>
            <p>总部:010-××××0001</p>
            <p>非工作时段业务咨询:1931452××××</p>
        </div>
    </div>
```

设置"新闻列表"div 元素(zxdt_list 类)的宽度和水平居中等样式,定义为弹性盒子,设置其子元素水平方向两端对齐,垂直方向上对齐;设置左侧"二级栏目"div 元素(zxdt_list_left 类)的宽度和边框等样式。CSS 代码如下:

```
article.zxdt_list{
    width:1120px;margin:0 auto;
    display:flex;justify-content:space-between;align-items:flex-start;
}
article.zxdt_list_left{width:230px;border:1px solid #eaeaea;border-top:none;}
```

设置"栏目标题"部分的 h1 元素的内边距和边框等样式;设置 span 元素为块元素和内边距等样式;设置 span 元素(h1_title 类)的行高、字号、文本颜色和文本粗细等样式;设置 span 元素(h1_eng 类)的文本颜色、字号、全部为大写字母和文本粗细等样式。CSS 代码如下:

```
article.zxdt_list_left h1{
    padding-top:24px;padding-bottom:24px;border-bottom:1px solid #cfcfcf;
}
article.zxdt_list_left h1 span{display:block;padding-left:20px;}
article.zxdt_list_left h1.h1_title{
```

```
    line-height:28px;font-size:18px;color:#c13332;font-weight:600;
}
article.zxdt_list_left h1.h1_eng{
    color:#9a9a9a;font-size:12px;text-transform:uppercase;font-weight:normal;
}
```

设置"栏目列表"部分的 ul 元素的宽度样式；设置 li 元素的高度、行高和内边距等样式；设置 a 元素为块元素、边框、文本颜色、字号、文本水平居中对齐和鼠标悬停等样式；设置 a 元素当前栏目（zxdt_current 类）的边框、背景色和文本颜色等样式。CSS 代码如下：

```
article.zxdt_list_left ul{width:100% ;}
article.zxdt _ list _ left  ul  li { height: 35px; line - height: 35px; padding -
bottom:6px;}
article.zxdt_list_left ul li a{
    display:block;border-bottom:1px solid #cfcfcf;color:#333333;
    font-size:14px;text-align:center;
}
article.zxdt_list_left ul li a:hover,article.zxdt_list_left.zxdt_current {
    border-bottom:1px solid #c13332;
    background-color:#c13332;
    color:#ffffff;
}
```

设置"联系我们"部分的 h2 元素的背景图片、内边距和外边距等样式；设置 span 元素为块元素；设置 span 元素（h2_title 类）的字号、文本颜色和文本粗细等样式；设置 span 元素（h2_eng 类）的文本颜色、字号、行高和文本粗细等样式；设置 div 元素（h2_con 类）的行高、内边距、文本颜色和字号等样式。CSS 代码如下：

```
article.zxdt_list_left h2{
    background:#c13332 url(../img/icon11.jpg) no-repeat 50px center;
    padding:6px 0 8px 95px;margin-top:35px;
}
article.zxdt_list_left h2 span{display:block;}
article.zxdt_list_left.h2_title{font-size:16px;color:#ffffff;font-weight:
normal;}
article.zxdt_list_left.h2_eng{
    color:#ffffff;font-size:13px;line-height:13px;font-weight:normal;
}
article.zxdt_list_left.h2_con{
    line-height:26px;padding:20px 6px 28px 6px;color:#999999;font-size:13px;
}
```

3. 右侧新闻列表

右侧新闻列表由新闻列表和分页组成，如图 5-18 所示。

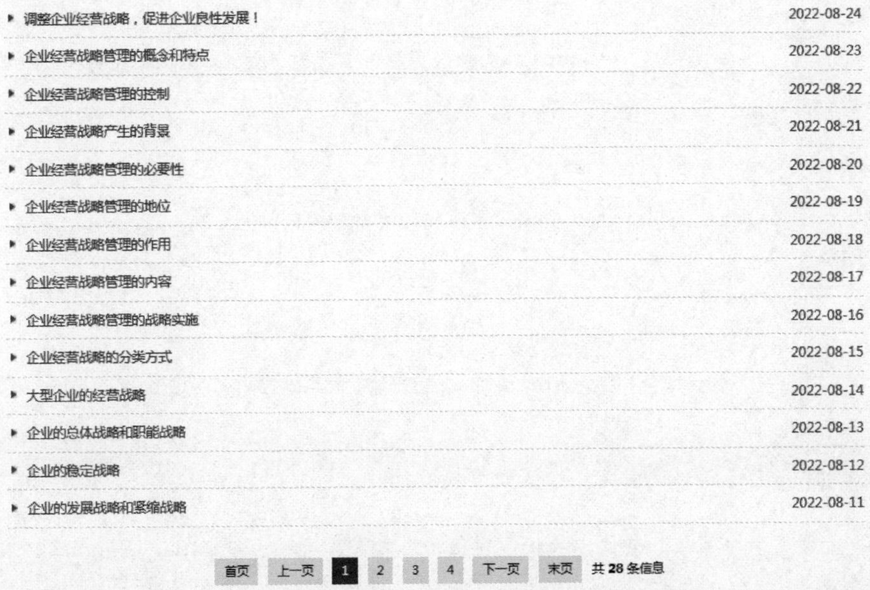

▶ 调整企业经营战略，促进企业良性发展！	2022-08-24
▶ 企业经营战略管理的概念和特点	2022-08-23
▶ 企业经营战略管理的控制	2022-08-22
▶ 企业经营战略产生的背景	2022-08-21
▶ 企业经营战略管理的必要性	2022-08-20
▶ 企业经营战略管理的地位	2022-08-19
▶ 企业经营战略管理的作用	2022-08-18
▶ 企业经营战略管理的内容	2022-08-17
▶ 企业经营战略管理的战略实施	2022-08-16
▶ 企业经营战略的分类方式	2022-08-15
▶ 大型企业的经营战略	2022-08-14
▶ 企业的总体战略和职能战略	2022-08-13
▶ 企业的稳定战略	2022-08-12
▶ 企业的发展战略和紧缩战略	2022-08-11

首页　上一页　**1**　2　3　4　下一页　末页　共 **28** 条信息

图 5-18　右侧新闻列表

HTML 代码如下：

```
<! -- 右侧新闻列表    -->
<div class = "zxdt_list_right">
    <! -- 新闻列表    -->
    <ul class = "news_list">
        <li>
            <a href = "zxdt_con.html"><span>调整企业经营战略,促进企业良性发展！</
span><span>2022-08-24</span></a>
        </li>
        <li>
            <a href = "#"><span>企业经营战略管理的概念和特点</span><span>2022-
08-23</span></a>
        </li>
        <li>
            <a href = "#"><span>企业经营战略管理的控制</span><span>2022-08-22
</span></a>
        </li>
        <li>
```

```
            <a href="#"><span>企业经营战略产生的背景</span><span>2022-08-21
</span></a>
            </li>
            <li>
            <a href="#"><span>企业经营战略管理的必要性</span><span>2022-08-20
</span></a>
            </li>
            <li>
            <a href="#"><span>企业经营战略管理的地位</span><span>2022-08-19
</span></a>
            </li>
            <li>
            <a href="#"><span>企业经营战略管理的作用</span><span>2022-08-18
</span></a>
            </li>
            <li>
            <a href="#"><span>企业经营战略管理的内容</span><span>2022-08-17
</span></a>
            </li>
            <li>
            <a href="#"><span>企业经营战略管理的战略实施</span><span>2022-08-
16</span></a>
            </li>
            <li>
            <a href="#"><span>企业经营战略的分类方式 </span><span>2022-08-15
</span></a>
            </li>
            <li>
            <a href="#"><span>大型企业的经营战略</span><span>2022-08-14</
span></a>
            </li>
            <li>
            <a href="#"><span>企业的总体战略和职能战略</span><span>2022-08-13
</span></a>
            </li>
            <li>
            <a href="#"><span>企业的稳定战略 </span><span>2022-08-12</span>
</a>
            </li>
```

```
        <li>
            <a href = "#"><span>企业的发展战略和紧缩战略</span><span>2022-08-11
</span></a>
            </li>
        </ul>
        <! -- 分页 -->
        <div class = "zxdt_list_right_pages">
            <a href = "index.html">首页</a>
            <a href = "#">上一页</a>
            <a href = "#"class = "pages_current">1</a>
            <a href = "#">2</a>
            <a href = "#">3</a>
            <a href = "#">4</a>
            <a href = "#">下一页</a>
            <a href = "#">末页</a>
             共<b> 28 </b>条信息
        </div>
    </div>
  </div>
</article>
```

设置右侧"新闻列表"div 元素(zxdt_list_right 类)的宽度样式。CSS 代码如下:

```
article.zxdt_list_right{width:845px;}
```

设置"新闻列表"部分的 ul 元素的宽度和内边距等样式;设置 li 元素的高度、行高、边框、字号、内边距和背景图片等样式;设置 a 元素为块元素、文本颜色和鼠标悬停等样式,定义为弹性盒子,设置其子元素水平方向两端对齐。CSS 代码如下:

```
article.zxdt_list_right ul.news_list{width:100% ;padding-top:30px;padding-
bottom:30px;}
article.zxdt_list_right ul.news_list li{
    height:35px; line - height:35px; border - bottom:1px dashed #e8e8e8; font -
size:13px;
    padding-left:20px;background:url(../img/icon03.png) no-repeat 4px center;
}
article.zxdt_list_right ul.news_list li a{
    display:block;color:#666666;display:flex;justify-content:space-between;
}
article.zxdt_list_right ul.news_list li a:hover{color:#aaaaaa;}
article.zxdt_list_right ul.news_list li a span{display:block;}
```

设置“分页”部分的 div 元素（zxdt_list_right_pages 类）的宽度、高度、行高、水平对齐方式、文本颜色和字号等样式；设置 a 元素为行内块元素、外边距、内边距、边框、背景色、文本颜色、字号和鼠标悬停等样式；设置 a 元素当前页码（pages_current 类）的边框、背景色和文本颜色等样式。CSS 代码如下：

```
article.zxdt_list_right_pages{
    width:100%;height:24px;line-height:24px;text-align:center;color:#333333;
font-size:12px;
}
article.zxdt_list_right_pages a{
    display:inline-block;margin:0 3px;padding:0 8px;border:1px solid #eeeeee;
    background-color:#eeeeee;color:#333333;font-size:12px;
}
article.zxdt_list_right_pages a:hover,.zxdt_list_right_pages.pages_current{
    border:1px solid #c13332;background:#c13332;color:#ffffff;
}
```

工作任务 4 **“内容页”设计与实现**

“企业网站开发”的内容页由公共部分、位置信息和新闻内容组成。其中，位置信息和左侧二级栏目的结构与“列表页”的页面一致。

“内容页”的页面结构见表 5-4。“内容页”的页面效果如图 5-3 所示。

表 5-4 “内容页”页面结构

zxdt_con.html	
`<html>`	
`<head></head>`	
`<body>`	
公共部分：`<header></header>`文档头部	
公共部分：`<nav></nav>`导航链接	
公共部分：`<div class="banner"></div>`banner 图片	
`<article>`文档内容	
`<div class="zxdt_con1"></div>`位置信息	
`<div class="zxdt_list">`新闻内容	
`<div class="zxdt_list_left"></div>` 左侧二级栏目	`<div class="zxdt_list_right"></div>` 右侧新闻内容

续表

zxdt_con. html
</div>
</article>
公共部分：<footer></footer>文档底部
</body>
</html>

右侧新闻内容由新闻标题、新闻内容和新闻链接组成，如图 5-19 所示。

调整企业经营战略，促进企业良性发展！

发布日期：2022-08-24　　浏览次数：836

经营战略是企业为实现其经营目标，谋求长期发展而作出的带有全局性的经营管理计划。它关系到企业的长远利益，以及企业的成功和失败。制定经营战略是企业最高管理层的职责。其内容包括：经营战略思想，它是企业进行经营战略决策的指导思想；经营战略方针，它是经营战略的行动纲领；经营战略目标，它是企业经营要达到的成果。西方企业公布的经营目标一般有：股东目标（即股票持有人对企业经营成果的期望），社会责任目标（即经营业务要求对社会法律和道德负责），劳资关系目标（即通过提高工资福利水平，调整劳资关系）；经营战略措施，它是实现经营战略的具体保证，包括产品开发、市场选择、资源分配、价格确定、商品推销、财务管理等方面。经营战略的类型，按企业经营处境分：紧缩战略、稳定战略、发展战略。按战略性质分：产品战略、市场战略、技术战略等。西方企业大都以产品、市场战略为中心，并具体实施市场渗透战略、市场开拓战略、产品开发战略等。

经营战略是企业面对激烈变化、严峻挑战的环境，为求得长期生存和不断发展而进行的总体性谋划。现代管理教育如MBA、EMBA等认为经营战略应有广义与狭义之分，广义上的经营战略是指运用战略管理工具对整个企业进行的管理，在经营战略的指导下进行，贯彻战略意图，实现战略目标；狭义上的经营战略是指对企业经营战略的制定、实施和控制的过程所进行的管理。

更具体地说，经营战略是在符合和保证实现企业使命的条件下，在充分利用环境中存在的各种机会和创造新机会的基础上，确定企业同环境的关系，规定企业从事的事业范围、成长方向和竞争对策，合理地调整企业结构和分配企业的全部资源。从其制定要求看，经营战略就是用机会和威胁评价现在和未来的环境，用优势和劣势评价企业现状，进而选择和确定企业的总体、长远目标，制定和抉择实现目标的行动方案。

上一篇：
下一篇：企业经营战略管理的概念和特点

图 5-19　右侧新闻内容

HTML 代码如下：

```
<! -- 右侧新闻内容 -->
<div class="zxdt_list_right">
    <! -- 新闻标题 -->
    <div class="zxdt_content_title">
        <h1>调整企业经营战略,促进企业良性发展!</h1>
        <div>发布日期:2022-08-24    浏览次数:836</div>
    </div>
    <! -- 新闻内容 -->
    <div class="zxdt_content_con">
        <p>经营战略是企业为实现其经营目标,谋求长期发展而作出的带有全局性的经营管理
计划。它关系到企业的长远利益,以及企业的成功和失败。制定经营战略是企业最高管理层的职责。其内
容包括:经营战略思想,它是企业进行经营战略决策的指导思想;经营战略方针,它是经营战略的行动纲领;
经营战略目标,它是企业经营要达到的成果。西方企业公布的经营目标一般有:股东目标(即股票持有人
对企业经营成果的期望),社会责任目标(即经营业务要求对社会法律和道德负责),劳资关系目标(即通过
提高工资福利水平,调整劳资关系);经营战略措施,它是实现经营战略的具体保证,包括产品开发、市场选
择、资源分配、价格确定、商品推销、财务管理等方面。经营战略的类型,按企业经营处境分:紧缩战略 、稳定
战略、发展战略。按战略性质分:产品战略、市场战略、技术战略等。西方企业大都以产品、市场战略为中心,
并具体实施市场渗透战略、市场开拓战略、产品开发战略等。</p>
        <div><img src="img/content1.png"alt=""width="500px"/></div>
        <p>经营战略是企业面对激烈变化、严峻挑战的环境,为求得长期生存和不断发展而进行
的总体性谋划。现代管理教育如 MBA、EMBA 等认为经营战略应有广义与狭义之分,广义上的经营战略是指
运用战略管理工具对整个企业进行的管理,在经营战略的指导下进行,贯彻战略意图,实现战略目标;狭义上
的经营战略是指对企业经营战略的制定、实施和控制的过程所进行的管理。</p>
        <p>更具体地说,经营战略是在符合和保证实现企业使命的条件下,在充分利用环境中存
在的各种机会和创造新机会的基础上,确定企业同环境的关系,规定企业从事的事业范围、成长方向和竞争
对策,合理地调整企业结构和分配企业的全部资源。从其制定要求看,经营战略就是用机会和威胁评价现在
和未来的环境,用优势和劣势评价企业现状,进而选择和确定企业的总体、长远目标,制定和抉择实现目标的
行动方案。</p>
    </div>
    <! -- 新闻链接 -->
    <div class="zxdt_content_bot">
        <p><b>上一篇:</b></p>
        <p><b>下一篇:</b><a href="#">企业经营战略管理的概念和特点</a></p>
    </div>
</div>
</div>
</article>
```

设置"新闻标题"部分的 div 元素（zxdt_content_title 类）的外边距、水平对齐方式和

行高等样式；设置 h1 元素和 div 元素的文本颜色及字号等样式。CSS 代码如下：

```
article.zxdt _ content _ title {margin - top: 50px; text - align: center; line -
height:2.2;}
    article.zxdt_content_title h1{color:#000000;font-size:20px;}
    article.zxdt_content_title div{color:#797979;font-size:12px;}
```

设置"新闻内容"部分的 div 元素（zxdt_content_con 类）的外边距、行高、首行缩进、文本颜色和字号等样式；设置 div 元素的宽度、水平对齐方式和内边距等样式。CSS 代码如下：

```
article.zxdt_content_con{
    margin-top:20px;line-height:2;text-indent:2em;color:#666666;font-size:
16px;
    }
article.zxdt_content_con div{width:100% ;text-align:center;padding:10px 0;}
```

设置"新闻链接"部分的 div 元素（zxdt_content_bot 类）的外边距、内边距、边框、文本颜色、字号和行高等样式；设置 a 元素的文本颜色和鼠标悬停等样式。CSS 代码如下：

```
article.zxdt_content_bot{
    margin-top:40px;padding-top:20px;border-top:1px solid #dddddd;
    color:#666666;font-size:14px;line-height:2;
    }
article.zxdt_content_bot a{color:#666666;}
article.zxdt_content_bot a:hover{color:#aaaaaa;}
```

5.4 任务拓展

1. 实现"企业网站开发"项目的"产品案例"页面。页面结构见表 5-5。

表 5-5 "产品案例"页面结构

cpal. html
\<html\>
\<head\>\</head\>
\<body\>
公共部分：\<header\>\</header\>文档头部
公共部分：\<nav\>\</nav\>导航链接
公共部分：\<div class="banner"\>\</div\>banner 图片
\<article\>文档内容

cpal. html
`<div class="zxdt_con1"></div>`位置信息
`<div class="zxdt_list">`新闻列表

`<div class="zxdt_list_left"></div>` 左侧二级栏目	`<div class="zxdt_list_right"></div>` 右侧图片列表

`</div>`
`</article>`
公共部分：`<footer></footer>`文档底部
`</body>`
`</html>`

"产品案例"页面效果如图 5-20 所示。

2. 实现"企业网站开发"项目的"会员中心"页面。页面结构见表 5-6。

表 5-6 "会员中心"页面结构

hyzx. html
`<html>`
`<head></head>`
`<body>`
公共部分：`<header></header>`文档头部
公共部分：`<nav></nav>`导航链接
公共部分：`<div class="banner"></div>`banner 图片
`<article>`文档内容
`<div class="zxdt_con1"></div>`位置信息
`<div class="zxdt_list">`新闻列表

`<div class="zxdt_list_left"></div>` 左侧二级栏目	`<div class="zxdt_list_right"></div>` 右侧会员注册

`</div>`
`</article>`
公共部分：`<footer></footer>`文档底部
`</body>`
`</html>`

"会员中心"页面效果如图 5-21 所示。

图 5-20　"产品案例"页面

图 5-21 "会员中心"页面